知识论译丛

主编　陈嘉明　曹剑波

知识论

Epistemology

[美]理查德·费尔德曼（Richard Feldman）　著

文学平　盈　俐　译

中国人民大学出版社
·北京·

"知识论译丛"编委会名单

主编　陈嘉明 曹剑波

编委（按姓氏拼音排序）

毕文胜（云南师范大学）

曹剑波（厦门大学）

陈　波（北京大学）

陈嘉明（厦门大学）

方环非（宁波大学）

王华平（山东大学）

徐向东（浙江大学）

徐英瑾（复旦大学）

郁振华（华东师范大学）

郑伟平（厦门大学）

朱　菁（厦门大学）

总　序

知识论是哲学的一个重要分支，它与本体论、逻辑学、伦理学一起，构成哲学的四大主干。这四个分支都是古老的学科。自先秦时期以来，中国哲学发展的是一种"知其如何"（knowledge how）的知识论（我名之为"力行的知识论"），它不同于西方的"知其如是"（knowledge that）的知识论，前者重在求善，后者旨在求真。不过相比起来，中国传统哲学在知识论这一领域缺乏系统的研究，是比较滞后的，这是整个传统哲学取向以及文化背景影响的结果。现代以来，金岳霖等先贤们在这一领域精心思辨，为它的学术发展掀开了新的一页。

近二十年来，我一直致力于推动知识论的发展，通过培养博士生的途径，逐渐形成厦门大学与上海交通大学的团队，在这方面做出了一些努力。按照自己的构想，我们在出版方面要做如下四件事情：一是推出研究系列的专著，二是出版一套名著译丛，三是编选几本知识论文集，四是编写一部好的教材。第一件事情在 2011 年即已启动，在上海人民出版社推出了"知识论与方法论丛书"，迄今出版了 11 部专著。第二与第三件事情，在曹剑波的积极组织与译者们的努力下，也已有了初步成效。首批"知识论译丛"的 5 本译著已提交中国人民大学出版社，即将面世。第二批"知识论译丛"已经开始准备。主编这套译丛，是为了方便读者了解与研读国外学者的知识论研究成果，从而推进该领域之研究的发展。第三件事情，由于编选涉及诸多作者，版权的办理比较麻烦等原因，所以受到影响。不过现在也已译出了两部国外的知识论文集，正在联系出版中。文集读本的一个好处是，能够将知识论史上经典论著的精华集于一册，使读者一卷在手，即能概览知识论的主要思想，这对于学生尤其有益。至于编写教材的工作，我虽然几年前已经有了个初稿，但由于觉得尚不尽如人意，所以一时还搁置着。值得欣慰的是，郑伟平已经完成初稿，并进行了多轮教学工作。我们希望以上这些工作能够持续进行，也希望有更多的同行参与，为繁荣中国知识论的学术事业而共同努力。

陈嘉明
2018 年 4 月于上海樱园

致 谢

我想对许多跟我一起讨论知识论问题的人表达谢意。我兄长弗雷德· *ix*
费尔德曼（Fred Feldman）讲授知识论课程，我最初在他的课堂上学习了
关于知识论的知识。那课程激发了我对知识论持久的兴趣，也教会了我许
多如何从事哲学研究的东西。通过参与赫伯特·海德尔伯格（Herbert
Heidelberger）和罗德里克·齐硕姆（Roderick Chisholm）的讨论班，我的
兴趣和理解力得到了极大的提升。我同约翰·贝内特（John Bennett）、大
卫·布劳恩（David Braun）、斯图尔特·科恩（Stewart Cohen）、乔纳森·
沃格尔（Jonathan Vogel）和爱德·维伦卡（Ed Wierenga）的无数次哲学
讨论，尤其是同厄尔·柯尼（Earl Conee）的讨论，让我受益匪浅，否则
我就不能写出此书。托德·朗（Todd Long）、丹·米塔格（Dan Mittag）、
内森·诺比斯（Nathan Nobis）、吉姆·普赖尔（Jim Pryor）、布鲁斯·罗
素（Bruce Russell）、哈维·西格尔（Harvey Siegel）和马提亚·斯杜普
（Matthias Steup），他们都对此书原稿的部分或全部给予了有益的评论。坚
持听课的许多学生使用了此书的初稿，并提供了有用的引导。

还要感谢安德里亚（Andrea）助我坚持到底，也感谢她为我做的其
他所有事情。

目 录

第一章　知识论问题

关于知识的理论或知识论是哲学的一个分支，它处理关于知识和理性
的哲学问题。知识学家感兴趣的主要是知识的本质问题和支配理性信念的
原则问题。他们不大会关注如何确定在特定的实例中是否有知识或理性信
念。比如，相信其他星球上有生命，确定这个信念现在是否合理，这不是
知识学家的事情，那主要是天文学家和宇宙学家的工作。知识学家的主要
任务是尝试发展出一个一般的理论，此理论能描述人们拥有知识和理性信
念的种种条件。然后，人们可以继续将那更一般的理论运用于相信其他星
球上有生命这样的特定事例，但这样做已超出了知识论的核心议题。虽然
在考察哲学问题的过程中，知识学家习惯于考虑许多特定例子，但这主要
是为了说明一般性的问题。本章的目的是要确定知识论所处理的一些核心
的理论问题。

考察我们日常所说的事情，并思考知识和理性，这会是个开头的好方
式。通过对它们的系统化处理和反思，我们会得到一系列的问题和疑惑。
因此，我们首先将以系统化的方式陈述一些关于我们所知道的事情和如何
知道它们的常见（而非普遍）的看法。对这套看法，我们将称之为标准
看法。我们在本章将确定一些关于标准看法的核心主张。在第二章至第五
章，我们会努力详细地阐明标准看法的含义，并陈述某些核心问题的答
案。然后，在第六章至第九章，我们将转向对标准看法的一些挑战和反对
意见。因此，本书的总体目标是为我们对知识和理性的常识性看法提供更
好的理解，并明白那些看法在多大程度上能经得起批评。

一、标准看法

在处理事情的日常过程中，人们声称知道很多东西，并且在多种情况

下都将知识归赋于他人。我们将在下面举例说明。我们所关注的并不是一些非反思性的或古怪的知识声称。相反，我们关注的知识声称都是一些有所思考而明智的判断。因此，以下列举的各项反映了一套关于知识和理性的思想，如果人们诚实而细心地反思相关议题，它是许多人都会达到的思想。对于所描述之看法的细节，你可能并不赞同，但却可以公正地说，它准确地捕捉到了反思性的常识。

（一）我们知道的事情

我们大多数人都认为我们知道相当多的事情。下面的清单指出了这些事情的一些一般类别，每个类别都给出了一些例子。这些类别可能有所重叠，远不是精确的分类。但就我们能知道的事物之种类而言，它们仍然能给我们一个好的观念。

> a. 我们的直接环境：
> "那里有一把椅子。"
> "收音机是开着的。"
> b. 我们自己的思维和感受：
> "我对新学期感到兴奋。"
> "我不期待填写我的报税表。"
> c. 关于世界的常识性事实：
> "法国是一个欧洲国家。"
> "很多树木在秋天掉叶子。"
> d. 科学事实：
> "吸烟导致肺癌。"
> "地球围绕太阳转。"
> e. 他人的心灵状态：
> "我的邻居想给他的房子涂漆。"
> "那边那个正在大笑的人发现他刚听到的那个笑话很有趣。"
> f. 过去：
> "乔治·华盛顿是美国第一任总统。"
> "肯尼迪总统被暗杀身亡。"

g. 数学：

"2+2＝4"

"5×3＝15"

h. 概念真理：

"所有单身汉都没结婚。"

"红色是一种颜色。"

i. 道德：

"无端折磨婴儿是不对的。"

"偶尔休息一下没有什么不对。"

j. 未来：

"明天太阳会升起。"

"芝加哥小熊队不会打赢下一年的世界职业棒球大赛。"[1]

k. 宗教：

"上帝存在。"

"上帝爱我。"

当然，在每个类别中，我们都有很多东西是不知道的。有些关于遥远过去的事实，我们无可挽回地失去了。有些关于未来的事实，至少现在我们是不知道的。在所列举的清单中，有些知识领域是富有争议的。对于道德和宗教领域的知识，你可能有所怀疑。不过，对于我们通常声称知道的种种事物，该清单提供了一个公平的抽样。

因此，标准看法的第一个论点是：

SV1. 我们知道类别（a）至（k）中的各种各样的事物。

（二）知识的来源

如果（SV1）是正确的，那么我们就有一些途径知道它所说的我们知道的东西。比如，如果我们知道我们的直接环境，那么知觉和感觉对于这种知识的获取就起着最重要的作用。对于有关过去的知识，以及有关当下事实之知识的某些方面，我们的记忆显然是至关重要的。例如，我透过窗户看到的那棵树是枫树，这项知识依赖于我的知觉和枫树看起来是什么样子的记忆。我们大量知识的另一个来源是他人的证词。在此，证词不限于在法庭上宣过誓的证人的陈述，它比法庭证词要宽广得多。它包括别人告诉你的内容，也包括他们在电视上或书籍和报纸上告诉你的内容。

在此，知识的另外三个来源也值得简短地提一下。如果知觉是我们通过视觉、听觉和其他感官而意识到外部事物，那么它就不能解释我们关于自身内在状态的知识。你现在可能知道你感到很瞌睡，或者知道你正在思考周末做啥事儿，但这不是通过刚才所说的那种意义上的知觉而知道的。相反，它是内省。因此，内省是知识的另一个可能的来源。

再者，有时我们通过推理或推论来知道一些事情。当我们知道一些事实，并看出这些事实能支撑另外的一些事实，我们就能知道那另外的事实。比如，科学知识似乎来自从观察数据而得出的推论。

最后，我们知道一些事情，似乎仅仅是我们能"看出"它们是真的。即是说，我们有能力思考一些事情，并且有能力看出一些简单真理。尽管这是一个有争议的问题，但我们关于最基本的算术、简单逻辑和概念真理的知识似乎都属于这一类。由于缺乏更好的术语，我们会说我们通过理性洞察的方式而知道这些事情。

关于知识的来源，我们的清单如下：

    a. 知觉

    b. 记忆

    c. 证词

    d. 内省

    e. 推理

    f. 理性洞察

毫无疑问，在许多情况下，我们为了获得知识要依赖于这些来源的某种共同作用。

标准看法认为，我们可以依靠这些来源而获得知识。但它并没说这些来源是完美无缺的。毫无疑问，它们不是完美无缺的。有时我们的记忆会出错，有时我们的感官会误导我们，有时我们的推理很糟糕。然而，根据标准看法，我们通过运用这些来源是可以获得知识的。

知识来源之清单是否应该扩大，这是一个有些争议的问题。或许有些人会在清单中加上宗教的或神秘的洞察；或许另外一些人认为还有超感官的知觉形式，我们应该加入清单。然而，这些来源是有着更大分歧的问题。如果将它们加入清单，那就会使清单看起来不大适合"标准看法"这一称谓。因此，我们在此不将它们加入清单。其他人可能想要将科学加入知识来源之清单。虽然这样做可能不会招致反驳，但最好是将科学视为知觉、记忆、证词和推理的结合。因此，没必要将科学加入知识来源之清单。

因此，标准看法的第二个论点是：

SV2.（a）至（f）是我们主要的知识来源。

因此，标准看法就是（SV1）和（SV2）的合取。

二、标准看法的扩展

一旦我们反思标准看法，就会产生很多问题。这些问题构成知识论的主要议题。本节会指出其中的一些问题。

如果一些情形属于知识范畴，而另一些情形则被排除在知识范畴之外，那么就必须有一些东西将这两类事情区分开。将知识与缺乏知识区分开的究竟是什么？知道某事要具备什么条件？这会导向第一个问题：

Q1. 在什么条件下一个人知道某事是真的？

人们可能认为这是一个人对某事有多大确定感的问题，或者是否对此事有一致同意的问题。正如我们将看到的那样，这些都不是（Q1）的好答案。区分知识与其反面的是其他某种东西，实际上，（Q1）是出奇的困难、富有争议和有趣的。找出其答案需要思考一些棘手的问题。第二章和第三章会聚焦于此。

许多哲学家认为，知识的一个重要条件是理性的或有证成的信念。知道某事需要有好的理由去相信之类的东西，或者以适当的方式形成信念，诸如此类。比如，如果你只是在猜测某事，那么你就不是知道此事。这将我们引向第二个问题，一个多年来一直是知识论之核心的问题：

Q2. 在什么条件下一个信念是有证成的（或合理的或理性的）？

这会将我们引向另外一些有关所谓知识来源的问题。这些官能如何能使我们满足知识之条件？这些官能如何产生认知证成？第四章和第五章会聚焦于此，第七章到第九章的部分内容也会专注于此。

在决定我们的行为方面，信念显然发挥着核心作用。如果你相信你的邻居是一个值得信赖的朋友而不是一个具有欺骗性的敌人，那么你对她的行为就会非常不同。鉴于信念有影响我们之行为的能力，你的信念能影响你的生活和其他人的生活，这似乎是清楚明白的。由于你的职业和其他人依赖于你的程度，你可能有义务知道某些事情。例如，一个医生应该知道其专业领域的最新发展。然而，知识有时可能是一种坏事，就如你知道一个朋友的明显不忠。这些考虑意味着实践问题和道德问题与知识论问题以一定的方式交织在一起，这值得考察。因此，

Q3. 知识论问题、实践问题和道德问题，如果会相互影响的话，那么它们是以什么样的方式相互影响的？

这个问题我们将在第四章处理。

三、标准看法受到的挑战

第二章至第五章将仔细反思目前所列举的问题，其结果是详细陈述标准看法究竟意味着什么。然而，正如我们将继续讨论的那样显而易见，我们有理由怀疑这种常识性看法是否真的正确。我们将给出这些理由，而且给出另外一些与之联系在一起的有关知识和理性的看法，详细内容参见第六章至第九章。这些疑虑背后的核心观念是有关标准看法之其余问题的基础。

（一）怀疑主义看法

怀疑主义看法的拥护者主张，我们知道的远少于标准看法认为我们所知道的。怀疑主义对标准看法构成了长期而有力的哲学挑战。怀疑主义者认为标准看法太过慷慨和自我陶醉。他们认为，我们知道很多事情的自信断言源自一种相当自鸣得意的自信，这种自信完全没有道理。正如我们将

看到的，一些怀疑主义论证依赖于一些好像是很奇怪的可能性：你认为你正看到或听到的事情，或许只是你正梦到你看到或听到的那些事情；或许你的生活是某种由计算机生成的虚假的实在。其他一些怀疑主义论证不依赖于这样古怪的假设，但却都质疑令我们感到舒服的常识性看法。这些考虑激起了另一组知识论问题：

Q4. 我们真的有任何知识吗？对于怀疑主义者的论证，我们有什么好的回应吗？

实际上，（Q4）是在问：对（Q1）的回应所给出的条件是否真的能得到满足？怀疑主义看法的拥护者认为，（Q4）中每个问题的答案都是"没有"。怀疑主义者倾向于否定（SV1）和（SV2）。

（二）自然主义看法

知识学家传统上使用的方法论主要是概念性的或哲学的分析：努力地思考知识和理性是什么样的，他们通常使用假想的例子来说明观点。然而，人们可能会问：我们是否可以以科学的方式更好地研究其中的某些问题？最近有许多哲学家说我们可以。我们将他们的看法称为自然主义看法，因为它强调自然科学（或经验科学或实验科学）的作用。因此，自然主义看法质疑标准看法的一种方式不得不同人们用来支持（SV1）和（SV2）的方法论相关。

自然主义看法还导致对标准看法的另一种质疑。关于人们的思考方式和成问题的推理，已有大量的科学研究。这些研究表明，或者至少似乎表明，在我们思考和推理的过程中存在系统而广泛的错误与混乱。当面对这些研究结果时，一些人对标准看法这样的东西是否正确感到疑惑。

这些考虑将我们引向下一组问题：

Q5. 如果有影响，那么自然科学的成果，尤其是认知心理学的成果，会以什么样的方式对知识论问题产生影响？最近的经验研究成果会毁坏标准看法吗？

（三）相对主义看法

对标准看法的另一个挑战来自相对主义和认知多样性的考虑。在此，7

如果要明白这个问题,那么请注意:人们的信念和人们形成信念的策略有很大差异。比如,有些人乐意基于相当少的证据而相信,有些人则似乎要求有大量的证据。人们对待科学的态度也不同。一些人坚信科学的力量,认为科学的方法提供了我们获知周围世界的唯一合理的方式,并且有时认为相信如下这些东西的人是不理性的,诸如占星术、灵魂转世、超感官知觉和其他神秘现象。这些信念的捍卫者有时指责他们的批评者对科学有着盲目而非理性的信仰。人们在政治、道德和宗教问题上也存在很大差异。似乎理解力强的人可以发现他们自己在这些问题上存在严重的相互对立。毫无疑问,人们在很多事情上的分歧经常是带有激烈情绪的。

分歧大量存在,这个事实使一些人感到疑惑,即是否在每一种情况下(至少)争论的一方必定是不合理的。对许多人来说,一个令人欣慰的想法是,至少在某些议题上合理分歧是存在的。即是说,两个人可以有不同的观点,但每个人都可以合理地坚持自己的观点。相对主义看法的捍卫者倾向于为大量的合理分歧寻找空间,然而标准看法的捍卫者似乎更倾向于认为每项争议中(至少)一方一定是错误的。

关于认知多样性和合理分歧之可能性的考虑,引发了以下跟知识论上的相对主义有关的一些问题:

> Q6. 认知多样性的知识论后果是什么?是否存在普遍的理性标准,它在所有的时间适用于所有的人(或所有的思考者)?在什么情况下理性的人可以有分歧?

(Q1)至(Q6)这些问题属于知识论的核心问题。接下来的各章将对它们进行处理。

注 释

[1] 小熊队(Cubs)的球迷可能不喜欢这个例子。但那些密切关注棒球赛的人都知道:无论发生什么事情,小熊队都永远不会赢。波士顿红袜队(Boston Red Sox)也不会赢。

第二章　传统的知识分析

接下来几章的目标是力图让标准看法所说的确切内容及其含义更清 *8*
楚。在这样做时，我们不会质疑标准看法的真理性。我们将假定它基本上
是正确的，对常识性看法的挑战我们留到后面讨论。

一、知识的种类

标准看法说我们有很多知识，也说了一些有关这些知识之来源的事
情。为了更清楚地表明标准看法的确切含义，其中一个核心方面就是更清
楚地表明知识的确切条件是什么。标准看法说我们确实有知识，那知识是
什么？

（一）知识的一些主要种类

我们在各种有重要差别的句子类型中使用"知道"（know）和"已知
道"（knew）这两个词。以下是一些例子[1]：

    a. 知道一个对象：S 知道 x。

      "那个教授知道杰罗姆·大卫·塞林格。"

    b. 知道什么人：S 知道 x 是谁。

      "那个学生知道杰罗姆·大卫·塞林格是谁。"

    c. 知道是否：S 知道是否 p。

      "图书管理员知道图书馆里是否有一本杰罗姆·大卫·塞林格
      写的书。"

    d. 知道何时：S 知道 A 何时会（或已经）发生。   *9*

      "编辑知道杰罗姆·大卫·塞林格的书何时会出版。"

e. 知道如何：S 知道如何做 A。

"杰罗姆·大卫·塞林格知道如何写作。"

f. 知道事实：S 知道 p。

"那个学生知道杰罗姆·大卫·塞林格写了《麦田里的守望者》（*The Catcher in the Rye*）。"

这份清单远不是完整的。我们可以加上使用如下说法的句子，"知道哪个""知道为什么"，如此等等。但我们已给出的清单足以说清我们在此要提出的主要论点。

（二）所有知识都是命题知识吗？

"知道事实"（knows that）的句子表明的是一个人知道某个事实或命题。我们常说这些句子表达了命题知识。[2]关于使用"知道"（knows）一词的各种方式之间的联系，一个最初似乎合理的想法是，"知道事实"是基础性的，其他方式的知道都可以由它来界定。要明白为何命题知识比其他形式的知识更基础，需要考虑如何可能用命题知识来解释一些其他形式的知识。

考虑（c），即"知道是否"。假定如下情况为真：

1. 图书管理员知道图书馆里是否有一本杰罗姆·大卫·塞林格写的书。

如果（1）为真，那么：如果图书馆里有一本杰罗姆·大卫·塞林格写的书，图书管理员就知道那里有；如果图书馆里没有杰罗姆·大卫·塞林格写的书，图书管理员就知道那里没有。那里有一本书的命题和那里没有那本书的命题，不论哪个实际上为真，图书管理员都知道。因此，说法（1）是如下说法的简略表达：

2. 要么图书管理员知道图书馆里有一本杰罗姆·大卫·塞林格写的书，要么图书管理员知道图书馆里没有杰罗姆·大卫·塞林格写的书。[3]

在这方面，图书管理员跟读者不同，读者不知道图书馆里是否有一本塞林格写的书。读者既不知道那里有这本书，也不知道那里没有这本书。

关于（1）所阐明的看法可以做一般化概括。对于任何人和任何命题，此人知道一个命题是否为真，要么此人知道那个命题是真的，要么此人知道那个命题不是真的。一个不知道它是否为真的人，既不知道它是真的，也不知道它不是真的。

关于（1）和（2）之间的联系，我们可以使用字母"S"代表潜在的 *10*
知道者，用"p"代表一个命题，从而以一个一般化定义来表达：

> D1. S 知道是否 p = 定义：要么 S 知道 p，要么 S 知道 ~p。[4]

定义（D1）表明了一个重要的方法论工具，即定义。一个定义是正确的，仅当定义的两边相等。为了检查两边是否相等，你要考虑用特定的实例来替换变量或占位符的结果。就（D1）的情形而言，你用特定的人名来替换 S，用表达某个命题的一个句子来替换 p。如果定义是正确的，那么在所有这些情况下两边将会一致：如果定义的左边为真（如果此人确实知道那个命题是否为真），那么定义的右边也会为真（要么此人知道那个命题为真，要么此人知道那个命题为假）；如果定义的左边为假（如果此人不知道那个命题是否为真），那么定义的右边也为假。（D1）似乎能通过这个测试：定义的两边确实一致。因此，我们可以用"知道事实"来解释"知道是否"。

用命题知识来界定其他种类的知识，这也是可能的。定义会更复杂，但其观念依然相当简单。考虑一下"知道何时"。如果你知道某事是何时发生的（或将何时发生），那么就有某个陈述此事发生（或将要发生）的时间的命题，而且你知道这个命题为真。因此，可以说：

> 3. 编辑知道杰罗姆·大卫·塞林格的书何时会出版。

这就是说，就某个特定的时间而言，那编辑知道塞林格的书会在那个时间出版，即她知道塞林格的书会在 1950 年出版或者会在 1951 年出版，如此等等。那些不如那个编辑有见识的人不会知道此事。对他们而言，他们没有机会知道塞林格的书会在那个时间出版这个命题。

我们可以再一次将这个观念做一般化概括，并将其表达为一个定义：

> D2. S 知道 x 何时发生 = 定义：有某个命题说 x 在某个特定的时

间发生，并且 S 知道那个命题。（有某个命题 p，p 具有"x
在时间 t 发生"的形式，并且 S 知道 p。）

我们又得到了某种以命题知识来解释另一种知识的方式，即解释知道何
时。类似的方法很可能适用于"知道哪个"、"知道为什么"和其他关于
知识的大量句子。命题知识是基础，这个观点看起来相当有力。

11   然而，所有我们使用"知道"一词来说的事情不大可能都可以用命
题知识来表达。考虑一下我们所列清单的第一项："S 知道 x"。你可能认
为，知道某人或某物，就是拥有关于那人或物的某些事实的命题知识。因
此，我们可以有如下建议：

    D3. S 知道 x = 定义：S 拥有关于 x 的某些事实的命题知识。（即
        是说，对于某个命题 p，p 是有关 x 的，并且 S 知道 p。）

很可能你知道的任何人都是你知道其某些事实的人。但知道关于某人的某
些事实并不足以知道此人。杰罗姆·大卫·塞林格是一位离群索居且非常
有名的作家。许多人知道关于他的某些事实：他们知道他写了《麦田里
的守望者》，可能知道他不与很多人交往。因此，他们知道关于他的一些
事实，但他们不认识（know）他。因此，知道某人跟知道关于此人的某
些事实并不完全相同。

    这表明（D3）不是正确的。它还说明了另一个重要的方法论观点。
一个例子表明（D3）不正确，因为它构成了（D3）的一个反例：一个例
子显示出定义的两边并非总是一致——当一边为假时，另一边却为真。一
个清晰的反例驳斥了一个建议性定义。通过修改定义来回应反例，这可能
会有助于更好地理解我们正在讨论的一些概念。[5]

    （D3）的反例表明，不但（D3）是错误的，而且它的思路甚至都是
不正确的。为了解决问题，我们不能只做一些小的改变。添加 S 知道关于
x 的许多事实，或者添加 S 知道关于 x 的重要事实，这些都于事无补。你
可以拥有那种命题知识，但仍然不知道那个人。知道 x 不是知道关于 x 的
事实的问题。相反，那是一个熟悉 x 的问题，即跟 x 会面，并且还可能记
得那次会面。无论你知道某人的多少事实，都不能得出结论说你知道那个
人。知道某人或物就是熟悉那人或物，而不是拥有关于那人或物的命题知

识。因此，并非所有知道都是命题性知道。

下面我们考虑"知道如何"。假定有一位专业的滑雪手，一次严重的事故使他不能再滑雪，此后他成了一名成功的滑雪教练。他作为教练的成功，在很大程度上是因为他特别擅长向学生解释滑雪技巧。这个教练知道如何滑雪吗？答案似乎是"知道"。对此，一个合理的解释可诉诸如下定义：

> D4a. S 知道如何做 A = 定义：如果 a 是做 A 的一个重要步骤，那么 S 知道 a 是做 A 的一个重要步骤。[6]

这似乎表明"知道如何"可以由命题知识来界定。

然而，另外的例子会让人想到不同的观念。请考虑一个年幼的孩子，*12*她开始滑雪并做得很成功，没有受过任何培训，对自己所做的事情也没有任何理智上的理解。她也知道如何滑雪，但她似乎缺乏相关的命题知识。她对滑雪的各种步骤没有任何明显有意识的理解。她就是能滑雪。这个例子意味着"知道如何"的说法还有另一种含义。下面的定义刻画了这种含义：

> D4b. S 知道如何做 A = 定义：S 能做 A。

前滑雪手在（D4a）的意义上知道如何滑雪，但不是在（D4b）的意义上知道。对年幼的滑雪神童而言，相反的情况恰好为真。因此，一种类型的知道如何是命题知识，而另一种类型的知道如何却不是。

（三）结论

试图用命题知识来解释所有不同种类的知识是不成功的。最合理的结论似乎是知识的基本种类（至少）有三种：（1）命题知识；（2）熟识的知识或熟悉；（3）能力知识（或程序性知识）。

尽管我们不能用命题知识来解释所有的知识，但命题知识确实有着特殊的地位。我们可以用命题知识来解释另外几种知识。而且，关于知识论的许多有趣的问题，都是有关命题知识的问题。本书将聚焦于命题知识。本节的主要目的是澄清作为我们研究主题的那种知识。它就是命题知识，或曰事实知识。

二、知识与真信念

知道某个事实需要满足什么条件？什么是命题知识？这些是第一章的（Q1）提出的问题。对这些问题的考察，我们将从一个简单而不充分的答案开始，然后将努力完善这个答案。

（一）知识的两个条件

我们很容易想到知识的两个条件：真理和信念。很明显，知识要有赖于真理。也就是说，如果某事不是真的，你就不可能知道它。"他知道它，但那是假的"，这个说法永远不可能是正确的。你不可能知道托马斯·杰斐逊是美国第一任总统。你无法知道这一点的原因在于，他不是第一任总统。

13   对于不真实的东西，人们可以感到非常确信。你可能会确信杰斐逊是第一任总统。你可能会认为你记得在学校接受的教育就是这样。但你搞错了这一点。（或者你的老师犯了一个大错。）你甚至可能声称你知道杰斐逊是第一任总统。但他不是第一任总统，因而你不可能知道他是第一任总统。这就是因为知识有赖于真理。你知道一个命题，仅当它是真的。

对于知识有赖于真理，有一个可能的反驳，它可通过如下例子来说明：

例子 2.1   神秘故事

你正在读一个神秘故事。最后一章之前呈现的所有线索都指向管家是有罪的。你确信是管家干的，并且当最后一幕揭露会计员有罪时，你感到非常惊讶。你读完此书之后说：

4. 我一直都知道那是管家干的，但结果是他没干。

当你说（4）时，如果你是对的，那么你就有可能知道不真实的事情。你知道那是管家干的，但那是管家干的却不是真的。然而，即使人们有时会说诸如（4）之类的事情，但很明显这些事情并非确实为真。你一直都不知道那是管家干的。一直以来的真实情况是你确信那就是管家干的，或者某种类似的情形。通过说（4），你以一种生动有趣的方式表达了你对结局的惊讶。但（4）不是真的，它并不表明离开真理还能有知识。

知识的第二个条件是信念。如果你知道某事，那么你就必须相信或接受它。如果你根本不认为某事是真的，那么你就不知道它。在此，我们是在广义上使用"信念"一词：任何时候你接受某事为真，你就相信了它。因此，相信包括有所犹豫地接受，也包括充满信心地接受。对此，一个好的思考方式是注意如下情况：当你考虑一个陈述时，对它你可以采取"相信""不信""悬置判断"这三种态度中的任何一种。作为类比，设想你自己对一个陈述被迫说出"肯定""否定""没想法"这三个说法中的一个。从你完全有信心的陈述，到你认为它只不过很可能为真的陈述，所有这些情况，你都会说"肯定"；当你认为那陈述确定无疑是错的，或很可能是错的，你就会说"否定"；余下的情况你会说"没想法"。同样，正如我们所使用的那样，"信念"一词适用于一系列的态度。"相信"跟"不信"和"悬置判断"形成对比，"不信"适用的范围跟"相信"的适用范围相似。

显然，知识有赖于信念。如果你根本不认为一个陈述为真，那么你就不知道它是真的。然而，对于这种主张，有一个反驳意见值得考虑。我们有时会以对比知识和信念的方式进行谈话，这意味着：当你知道某事时，*14* 你却不相信它。为了明白这一点，请考虑如下例子：

例子2.2　知道你的名字

你有一个名叫"约翰"的朋友，你问他："你相信你的名字是'约翰'吗？"他回答说：

5. 我不相信我的名字是"约翰"，我知道我的名字是"约翰"。

通过说出（5），约翰似乎在说这是知识的实例，而非信念的实例。这意味着：如果它是信念，那么它就不是知识。如果约翰是正确的，那么信念就不是知识的一个条件。

然而，这个表象又是误导性的。约翰确实接受他的名字是"约翰"这个陈述。他不拒绝这个陈述，也不是对此没有意见。当他说（5）时，他的意思是，他不仅仅是相信他的名字是"约翰"；他可以说出更有力的东西——他知道他的名字是"约翰"。在对话过程中，我们通常的说话方式是，当更有力的说法也为真时，我们避免说些更虚弱或更温和的东西。如果你的朋友对你说，"我相信我的名字是'约翰'"，这在暗示但非真的说他不知道他的名字。同样的现象，还可以有许多其他例子。假定你已极度疲惫，因为努力工作了很长时间。有人问你是否疲惫了，你可能用类似如下说法来回答：

> 6. 我不是疲惫了，我是精疲力尽了。

严格说来，你所说的是错的。你是疲惫了。你的说法的意图在于强调你不仅仅是疲惫了，你已精疲力尽了。同样的情况也适用于（5）。通过说（5），约翰并非真的说他不相信那个陈述。因此，这个例子并不构成知识有赖于信念这个论点的反例。

现在，我们已经找到知识的两个条件：知道某事，你必须相信它，并且它必须是真的。

（二）知识作为真信念

刚提出的观念可能意味着知识是真信念，即是说：

> TB. S 知道 p=定义：（i）S 相信 p，并且（ii）p 是真的。

稍加反思就应该能清楚地表明（TB）是错误的。很多时候，一个人拥有一个真信念，但并不拥有知识。这里有一个针对（TB）的简单反例：

> 例子 2.3　正确的预测
> 　　在即将到来的美国橄榄球联盟总冠军赛中，纽约队将迎战丹佛队。对于谁会获胜，专家们有分歧，而且两个队的评级也是同一水平。但你有一种预感，丹佛队会赢。当比赛打完后，你的预感被证明是正确的。因此，你相信丹佛队会赢，而且你的信念是真的。

在例子 2.3 中，你相信丹佛队会赢，并且这是真的。但你不知道丹佛队会赢。你只是有一个结果为真的猜测。

有人会说，例子 2.3 中的信念是有关未来的，这个事实毁掉了这个例子。但我们可以轻松地消除这个特征而不毁坏其要旨。假定你没看比赛，反而是去看了一部很长的电影。你看完电影后，知道比赛结束了。你现在有一个关于过去的信念，即丹佛队赢了，而且你是正确的。但你依然不知道丹佛队赢了。你是正确的,这依然是一个幸运的猜测的结果。但现在没有跟有关未来之信念相关的复杂情况了。

对(TB)的反驳并不限于幸运的猜测这种情况。另一种例子会说明(TB)之问题的实质。

例子2.4 悲观的野餐计划者
你已计划周六去野餐,但你听到天气预报说,周六将下雨的可能性略大于50%。你是一个悲观主义者,基于这个预报,你非常有信心地相信周六会下雨。然后真的下雨了。因此,你拥有一个真信念,即周六会下雨。

你确实有一个真信念,即周六会下雨,但你缺乏知识。(当开始下雨时,你可能会说"我早已知道会下雨",但你不是真的知道。)在这种情况下,你不知道会下雨,其原因不是你在猜测。你的信念是以一些证据为根据的,即天气预报,因此那并非仅仅是猜测。但这个根据对知识而言还不够好。对知识而言,你需要的是类似很好的理由或更可靠的根据之类的东西,而非仅仅是很可能不准确的天气预报。

哲学家们经常说,知识所需要的东西,除了真信念之外,还有信念的证成。证成的确切意思是什么,这是一个相当有争议的问题。在本书中,后面我们会花相当多的时间来考察这个观念。但现在只需注意到下面的事实就够了:在第一章我们提出的那些知识的实例中,相信者对他们的信念都有非常好的理由。相比之下,在针对(TB)的反例中,你却没有非常好的理由,而且你很容易搞错。针对(TB)的反例所缺少的而在我们已描述知识的实例中又存在的东西就是证成。这将我们引向传统的知识分析。

三、传统的知识分析

传统的知识分析(the Traditional Analysis of Knowledge,简称 TAK)被表述为如下定义:

TAK. S 知道 p=定义:(i)S 相信 p;(ii)p 是真的;(iii)S 对

         p 的相信是有证成的。

16 类似这种分析的东西可以在许多资料中找到，或许可以一直追溯到苏格拉底。在柏拉图的对话《美诺篇》中，苏格拉底说：

> 对于为真的意见，只要它们留下，它们就是一种好东西，而且它们所做的一切都是好的，但它们不愿长久留下；它们要从人们的心灵中溜走，因此，在人们以（给出）为什么之理性解释束缚住它们之前，它们是没有价值的……它们在被束缚住之后，立刻成为知识，然后就会留在原地。[7]

根据对该段内容的一种可能解释，对一个意见，能够给出"解释"就是有关于那个意见的理由或证成。该段内容所传达的一个观念是：为了拥有知识，"解释"是必须的。[8]我们将忽略另外的主张，即知识跟其他信念相比，更不大可能从人们的心灵中"溜走"。

    相似的观念可以在许多更为现代的哲学家的著作中找到。比如，罗德里克·齐硕姆（Roderick Chisholm）曾提出：一个人知道一个命题，仅当他相信这个命题，这个命题为真，并且这个命题对他是"明显的"。这最后一个条件被理解成：那个人对这个命题的相信有多大的合理性。[9]

    现在我们就对传统的知识分析的三个要素进行更彻底的考察。

（一）信念

    相信某事就是接受某事为真。当你考虑任何一个陈述时，你将面临一组选择：你可以相信它，你可以不相信它，或者你可以悬置对它的判断。回想一下，我们认为信念包括一系列更具体的态度，从有所犹豫地接受到完全确信。不信包括对一个命题之否定态度的相应范围。在任何给定的时间，如果你考虑一个命题，那么你终将采取这三种态度中的一种。[10]

    就当下的目的而言，思考对一个命题的不信跟思考对那个命题之否定（或拒绝）的相信是一回事。因此，不相信乔治·华盛顿是美国第一任总统，这跟相信并非乔治·华盛顿是美国第一任总统是一回事。悬置对一个命题的判断就是：既非相信它，也非不相信它。[11]

    关于信念，还有一点值得在此提及。假定一个法国小孩被告知乔治·华盛顿是美国第一任总统。因此，如下命题为真：

7. 皮埃尔相信乔治·华盛顿是美国第一任总统。

在此，值得注意的事情是，即使皮埃尔一个英文单词都不说，（7）也可以是真的。他无须理解"George Washington was the first president of the United States"（乔治·华盛顿是美国第一任总统）这个英文句子。但很可能他会使用跟这个句子相等的法语句子来表达他的信念。皮埃尔的美国对应者彼得可能会相信皮埃尔所相信的东西。因此， *17*

8. 彼得相信乔治·华盛顿是美国第一任总统。

我们可以假设彼得不会说一个法文单词。因此，彼得和皮埃尔相信同样的事情，尽管没有任何一个句子是他们两个都接受的。怎么会这样？

理解这些问题的一种方式如下。句子用以表达某种思想或观念。哲学家们使用"命题"一词来指称这些东西。彼得使用的英文句子和皮埃尔使用的法文句子表达同一个命题。信念在根本上是对命题的一种关系。因此，（7）可以是真的，因为皮埃尔相信有关乔治·华盛顿的相应命题；（8）也是真的，因为彼得相信同一个命题。但是，他们会使用不同的句子来表达这个命题。

从中我们抽取出两个要点：句子不同于使用这些句子表达的命题，信念在根本上是一个人对命题所采取的态度。[12]

（二）真理

传统的知识分析的第二个要素是真理。人们说了许多关于真理的复杂而模糊的东西，但基本观念是非常简单的。这里的问题不是哪些事情实际上为真。相反，现在的问题是，什么是某事为真。对此，一个简单而被广泛接受的答案就被包含在真理符合论之中。

符合论的核心观点可被表述为如下原则：

> CT. 一个命题是真的，当且仅当它符合事实（当且仅当世界是命题所说的那样）。一个命题是假的，当且仅当它不符合事实。[13]

这里的观念异常简单。它能以如下方式被运用于我们关于乔治·华盛顿的例子。"乔治·华盛顿是美国第一任总统"这个命题为真，情况正好是这个命题跟实际存在的事实相符。换句话说，这个命题为真，情况正好是，乔治·华盛顿是美国第一任总统。如果乔治·华盛顿不是美国第一任总统，则这个命题为假。符合论的原则能以类似的方式适用于其他命题。这应该没有什么令人惊奇的。

阐明符合论的一些后果，并指出一些不是符合论之后果的事情，这将大有裨益。

1）一个命题为真还是为假，不以任何方式依赖于任何人对这个命题的信念。比如，我们关于乔治·华盛顿的信念，跟"乔治·华盛顿是美国第一任总统"这个命题的真值（即真或假）没有任何关系。实际的事实决定命题的真值。

2）真理不是"相对的"。没有任何一个命题可以"对我来说是真的，但对你来说是假的"。我可能会相信一个你不相信的命题。实际上，这几乎确实如此。任意的两个人都几乎肯定会对某些事情持有不同看法。然而，假如他们对一个命题持有不同看法，那么那个命题的真值是由相应的事实决定的。

3）对于跟你持不同看法的人，符合论没有使你对他们的任何武断或不宽容的态度合法化。有些人对跟自己意见不一致的人不屑一顾。对待他人的这种方式是不合理的和令人厌恶的。然而，如果我们在某些事情上看法不一致，那么我认为我是对的而你是错的，但这没什么价值。比如，假如你认为托马斯·杰斐逊是美国第一任总统，相反，我认为乔治·华盛顿是美国第一任总统，于是我认为你搞错了美国第一任总统，而你认为我搞错了。对这个事情进行一般化概括并由此对你的其他信念做出结论，对我而言，这种概括和任何结论都是鲁莽的。但当你不同意我的看法时，我确实会认为你错了。如果你不是武断的人，那么你就会意识到你自己有可能出错。如果有新的信息出现，你就会对改变你的想法持开放态度。在有些情况下，告诉别人你认为他们错了，这可能是粗鲁的。可能仅仅是他人不同意你的看法这个事实，就让你有理由重新考虑你的观点。[14]

4）符合论并不意味着事情不能改变。考虑"乔治·华盛顿现在是美国总统"这个命题。这个命题是错的。但它似乎曾经是真的。符合论对此有何评价？

　　有几种方式思考这个问题，但对它们进行全面的考察会涉及对我们当下的目的并不重要的一些技术性细节。一个好的方法是以类似如下的方式说，"乔治·华盛顿现在是美国总统"这个句子在不同的时间表达了不同的命题。回到 1789 年，这个句子所表达的命题为真。在 2003 年，这个句子所表达的命题为假。我们可以说，那个句子可被用以表达有关具体时间的一系列命题。你设想一个命题，它在某个时间表达某个事物有某种特征，作为一个命题的前身它在稍后的时间表达那同一事物具有同样的特征。因此，当事情发生变化时，比如当我们有了一位新总统时，那个变化发生之前的命题为真，而其后的命题则为假。在此，只要我们谨慎地对待所讨论的命题，符合论就没有什么问题。

　　5）类似的东西适用于对地点的考虑。假定某人在缅因州通过电话跟在佛罗里达州的一个人通话。缅因州的那个人说：

　　　　9. 正在下雪。

佛罗里达州的那个人说：　　　　　　　　　　　　　　　　　　　　*19*

　　　　10. 没有下雪。

这两个通话者并没有对什么事情产生分歧。但对于"正在下雪"这个命题的真值，我们应该说些什么？它是真的或假的？

　　我们又有各种不同的思考方式来思考这个问题。就当下的目的而言，一个好的方法是说，那个人用类似（9）的句子表达了一个可通过如下句子而被更清晰地展示出来的命题：

　　　　9a. 这里（在缅因州）正在下雪。

同样，如下句子可以最清晰地展示佛罗里达州那个说出（10）的人所说的事情：

　　　　10a. 这里（在佛罗里达州）没有下雪。

我们可以认为这两个命题都为真。它们的真理性是客观的，因为其真理性取决于两个地方的天气状况。

6）类似如下的句子存在一些疑惑：

    11. 酸奶味道好。

符合论对它们究竟该说些什么，这在很大程度上取决于这些句子的含义。一种可能性是，每个使用（11）的说话者都是在说：我喜欢酸奶的味道。倘若这是事实，那么不同的人使用（11）是在表达不同的命题，每个命题所指的都是那个说话者所喜欢的东西。如果确实喜欢酸奶味道的人说（11），那么这个人所表达的命题就为真。如果说（11）的人不喜欢酸奶，那么这个人就表达了一个为假的命题。

（11）表达了有关个人偏好的事情，这一点并不显而易见。或许它的意思类似于"大多数人喜欢酸奶的味道"。如果这是它的意思，那么它在由不同的人说出时就并没有表达不同的命题。它表达了一个有关多数人口味的命题：如果多数人喜欢酸奶，则这个命题为真；如果多数人不喜欢酸奶，则这个命题为假。

依照另一种解释，（11）是说酸奶满足了某种独立于人们喜欢与否的味道标准。这假定了关于味道的某种"客观性"。根据这种看法，即便几乎没人实际喜欢酸奶的味道，（11）也可以为真。你可能觉得这种看法很奇怪；客观的好味道究竟意味着什么，这是难以理解的。

对当下的目的而言，至关重要的是注意：无论对（11）的哪种解释是对的，都不会给符合论带来麻烦。如果第一种解释是对的，（11）所表达的命题就会随不同的说话者而有所不同，但在其他情况下则不然。然而，在所有情况下，（11）所表达的那个命题（或诸多命题）的真值都取 20 决于相关事实。在这种情况下，相关事实要么是说话者喜欢或不喜欢的，要么是多数人喜欢或不喜欢的，要么是好味道的客观事实。

我们没有必要解决对诸如（11）这种句子之正确解释的争议。这个复杂问题可以留给那些研究感觉学的人。对当下的目的而言，至关重要的是无论哪种解释正确，这里都不存在对符合论的好的反驳。

7）符合论并不意味着我们无法知道"确实"为真的东西。有些人通过类似如下的说法来反对符合论：

    根据符合论，真理是"绝对的"，而且什么东西为真，这取决于客观世界的事物是怎样的。因为这个世界外在于我们，我们永远不会真的知道什么东西是真的。我们至多可以知道什么是"主观上"为真的东西。这种主观真理取决于我们自己关于世界的看法。绝对真理必然永远超越于我们的理解力。

我们将在第六章和第七章详细讨论怀疑主义。知识论的大量内容都是为了回应怀疑主义。现在我们只需注意两点。首先，什么是真的，取决于独立于我们而存在的客观世界，仅仅从这个事实不能得出结论说，我们无法知道世界是什么样的。因此，如果存在任何有力地支持怀疑主义的论证，它都依赖于前段所述任何事情之外的某种前提。我们将在后面考虑可以如何构想出这种论证。

其次，在后面几章中我们都会假定我们确实知道一些事物，这正如标准看法所认为的那样。这不是在预先判断跟怀疑主义相关的争议的问题。相反，我们正在考察标准看法的本质和后果是什么。怀疑主义看法会在第六章和第七章得到公正的对待。

8）有一个非常令人费解的问题跟真理符合论相关。请考虑如下类型的例子：

12. 迈克尔身材高大。

假定某人在类似如下正常对话语境中断言（12），即你正打算去机场接迈克尔。你知道他是一位成年男性，但不知道他长什么样。你得到一个描述，（12）是其中的一部分。在这种情况下，如果迈克尔实际上是 1.93 米高，那么（12）表述的就是真理。如果迈克尔是 1.47 米高，那么（12）就说了某种错误的东西。如果迈克尔是 1.77 米高，那么就很难说（12）究竟表达了一个真理还是一个谬误。这个高度（对于成年男性）似乎属于高大与否的两可情形。

依照一个关于这些问题的广泛持有的看法，"高大"一词没有精确的含义。对于最后一种情形，即迈克尔是 1.77 米高，我们面临的问题不是我们对这种情形知道得不够。我们可以知道这里的所有事情，知道迈克尔的身高，知道成年男子的平均身高，以及相关的其他任何事情。根据这种看法，（12）仅仅是一个难以确定的两可情形。对于"高大"这个词所适用的身 *21*

高，根本没有确切的界限。换句话说，"高大"是一个模糊词。

包括"健康""富有""聪明"在内的其他许多词语也是模糊词。模糊性在准确理解语言如何发挥作用方面引发了大量问题。幸运的是，在从事我们所关注的知识论问题研究时，我们可以在很大程度上忽略这些问题。然而，有关语词模糊性的问题会时不时地出现，因此掌握这个观念是很重要的。

此外，模糊语句的存在可能会对符合论的适当性产生影响。回想一下句子与句子所表达的命题之间的区别。正如刚才所提到的，模糊性是句子的一种特征。句子（12）似乎模糊不清。但现在考虑命题（12）在诸如前面所描述的某个特定场合所表达的内容。如果这个命题是模糊的，或者其真值不确定，那么符合论就需要修正。符合论说，每一个命题要么为真，要么为假，这取决于它是否跟世界的存在方式相符。但如果存在模糊命题，那么就有跟世界的存在方式部分相符的命题。有人可能会说，在原初的真和假这两个真值之外还有第三个真值，即不确定。人们甚至会说，有整个一系列的真值，真理有程度上的不同。这些都是无法轻易解决的复杂问题。我们不会尝试在此解决它们。为了处理模糊性，符合论可能需要修正，意识到这一点就已经足够。

（三）证成

证成是传统的知识分析的第三个要素，也是最后一个要素。证成（或理性，或者合理性）将是本书很大一部分内容的焦点。本小节只是介绍一些初步的观念。

证成是某种有程度差异的东西，你可以有或高或低不同程度的证成。再考虑例子2.4，在此例中，你悲观地相信在你野餐的那天会下雨，根据是天气预报说那天下雨的概率略微大于50%。在此你对那天会下雨的想法有些许证成。这并不像完全没有理由的凭空臆断。但你的理由远没有好到让你拥有知识的程度。因此，传统的知识分析的条件（iii）所要求的是很强的证成。在所描述的情况中，你对会下雨的信念并没有足够的证成。如果野餐的那天到来了，并且你向窗外看，看到了下雨，那么你对会下雨的信念就确实有足够强的证成。在这种情况下，你会满足传统的知识分析的条件（iii）。因此，条件（iii）应被理解为需要强证成或足够的证成。这可能有点不准确，但对当下的阐释已很管用。

你对某事实际上不相信，但你对它的相信可以有证成。传统的知识分析的条件（iii）并不蕴含条件（i）。为了理解这如何可能，请考虑如下例子：

> 例子2.5　不自信先生的考试
>
> 不自信先生刚参加了一场考试。老师迅速地查看了他的答案，并说答案看起来不错，明天就会得到成绩。不自信先生学习很努力，参 *22* 加了模拟考试并考得不错，他发现实际考试的题目跟他所学的那些相似，如此等等。他有很好的理由认为他通过了考试。但不自信先生是不自信的。他从不相信他已做得好，也不相信他这次考试做得好。

尽管不自信先生不相信他通过了考试，但他对相信他通过了考试是有证成的。因此，满足传统的知识分析的条件（iii），但条件（i）却不满足。对一个命题的相信是有证成的，大致说来，就是拥有"可高度合理地相信它"所需要的东西，无论一个人实际上是否相信它。

对一个人来说是有证成的东西，对另一个人可能是没有证成的。你对自己的私生活有很多有证成的信念，但你的朋友和熟人对那些事情可能只有少量的证成或没有证成。而且，对一个人有证成的事情可随时间而变。例子2.4的修改版可以说明这一点。野餐前一周，你对周六会下雨这个命题的相信可能是没有证成的。但到了周六早上，你可能获得对这个命题的足够证成。

一个人对某事的相信是有证成的，不同于这个人能展示他对那个命题的相信是有证成的，避免把这二者混在一起是很重要的。在许多情况下，我们能解释为什么一个信念是有证成的，我们能阐述我们的理由。但是，这有例外。比如，一个小孩可能有很多有证成的信念，但却无法阐明他对这些信念的证成。

四、真正的知识与貌似的知识

对于标准看法，还有一点值得特别注意。被人们当作知识的东西在很多方面都有所不同。举一些简单的例子：或许古人会说，在他们所知道的事情中，有一个事实是"地球是扁平的"；或许他们会说，他们知道地球是宇宙的中心（所有东西都围绕着地球转）。他们对这些事情拥有知识，这在古代可能有着广泛的一致看法。

为了论证的需要，我们可以承认古人认为他们知道地球是宇宙的中心。（如果你不喜欢这个特定的例子，可用另外说明同样意思的例子来替代它。）我们甚至可以承认，他们对此事实拥有知识的信念是有相当好的证成的。我们可以说，他们拥有貌似的知识。然而，他们缺乏真正的知识。即使这些命题可能曾经相当合理地出现在本书之远古原型的第一章的已知事物清单中，这些命题仍然是错的。地球不是扁平的，并且从来不是。地球不是宇宙的中心，而且从来不是。古人认为自己拥有知识，或许甚至是有证成地认为如此，但古人错了。[15]

23 还有一点值得在此提及。可能那些很坦率、很有感召力、很强大的人的断言，经常会被广泛地视为知识。对那些没有权力的人而言，尤其是当他们对竞争的观点有着更好的证成时，这可能是令人痛苦的。然而，什么东西被当作知识是由什么决定的，有权有势的人如何设法将他们的观点强加给其他人，这些问题都不是本书所要关注的。我们的主题是真正的知识，而非貌似的知识。[16]

五、结论

从第一章开始，（Q1）就在问拥有知识的条件是什么。本章基于传统的知识分析介绍了对此问题的一种答案，据此，知识是有证成的真信念。这种分析历史悠久。它似乎跟标准看法非常吻合。标准看法认可的知识的实例似乎是一些有证成的真信念的情况。我们缺乏知识的情形似乎是我们至少缺少这三个要素中的一个的情形。

然而，对于传统的知识分析有一个重要的反驳，我们接下来转向它。

注　释

[1] 以下例子表明了各种陈述类型的一般模式，并举一个例子说明

了如何填充每种模式的具体内容。这些模式使用了可由具体语词替换的变量。依照标准做法，"S" 用作变量，可由一个人名或关于一个人的描述来代替；"x" 用作变量，可由任何对象（包括人）的名称或其描述来代替；"p" 可由表达事实或声称为事实的完整句子（一个命题）来代替；"A" 可由对行为的描述来代替。

〔2〕关于"命题"一词之确切意思的讨论，参见本章第三部分的（一）小节。〔原文为"本章第三部分的 A1 小节"，但本章第三部分实际上只有 A 小节，即（一）小节，没有 A1 小节。——译者注〕

〔3〕理解（2）与（2a）的差别很重要。

> 2a. 图书管理员知道：要么图书馆里有一本塞林格写的书，要么图书馆里没有塞林格写的书。

（2a）是真的；（2a）表达了一个选言命题（"要么"陈述）的知识，而且每个人都可以有这种知识。但如果（2）为真，那么图书管理员就必须有特殊的知识。她必须知道哪个选言支（"要么"陈述的组成部分）为真。

〔4〕"¬p"表示"非 p"或 p 的否定。"图书馆里有一本塞林格写的书"，它的否定是："图书馆里有一本塞林格写的书，这不是真的"。

〔5〕在此，我们所使用的方法论对后面的讨论是很重要的。对建议性的定义而言，一个重要的测试就是，没有针对它的反例。

〔6〕这个定义可能需要某种改进，但它至少可以捕捉到正在讨论的基本观念。

〔7〕Meno. translated by G. M. A. Grube. 重印于文献：Plato：Complete Works. edited by John M. Cooper. Indianapolis，IN：Hackett Publishing Co.，1997：895。

〔8〕相似的观念也出现在另一篇对话中，参见：Theatetus. translated by M. J. Levett. revised by Myles Burnyeat。重印于文献：Plato：Complete Works. edited by John M. Cooper. Indianapolis，IN：Hackett Publishing Co.，1997：223。

〔9〕Roderick Chisholm. Theory of Knowledge. Englewood Cliffs, NJ：

Prentice Hall，1966：23.

[10] 还有另一种方法思考这些问题。不用说有三项选择，你可以说你能在更高或更低的程度上相信一个命题。你可以将相信的程度看作沿一个刻度尺而排列着的。当你带着绝对的确信而接受一个命题时，你是在最大的程度上相信这个命题。当你彻底或完全拒绝一个命题时，你是在可能的最低的程度上相信这个命题。在通常情况下，你的信念程度落在这二者之间。悬置判断正好在中间。

[11] 如果你从未考虑过某个命题，那么你就既非相信它，也非不相信它，但你也没有悬置它。或许最好将悬置判断刻画为：考虑一个命题，但既非相信它，也非不相信它。

[12] 准确地讲，命题之对象有些什么种类，这是相当难的问题。在此，我们可以安全地忽略这些问题。

[13]"iff"一词是"当且仅当"（if and only if）的缩写。"p 当且仅当 q"的句子形式为真，正好在 p 和 q 的真值是一致的时候，即是说，正好在二者都真或都假的时候。

[14] 关于这个话题的详细讨论，参见本书第九章。

[15] 在此，你可能察觉到我们可能处于跟古人相似的处境，即我们的知识声称是错误的。当我们考虑怀疑主义看法时，我们将继续讨论这个问题。

[16] 第一章提到的相对主义看法的一些吸引力有可能是因为混淆了貌似的知识和真正的知识。

第三章　修正传统的知识分析

一、传统分析的反对意见

回想一下传统的知识分析，它说知识是有证成的真信念。span style="float:right">25

这个分析是正确的，仅当在所有可能的例子中，如果一个人知道某个命题，那么这个人就对该命题有得到证成的真信念，并且如果一个人拥有得到证成的真信念，那么这个人就拥有相应的知识。不幸的是，对传统分析而言，有针对第二种情形的令人信服的反例，即有得到证成的真信念明显不是知识的情形。

第一位以这里所讨论的方式明确反对传统分析的哲学家是埃德蒙·葛梯尔（Edmund Gettier）。他的简短论文《有证成的真信念就是知识吗?》（"Is Justified True Belief Knowledge?"）可能是许多年里被讨论得最广泛且经常被引用的知识论文章。[1]葛梯尔提出了两个例子，每一个都表明，一个人可以有不是知识但得到证成的真信念。其他哲学家描述了说明同样观点的其他情形。

（一）反例

本小节我们将考察用以说明传统分析之问题的三个例子。所有这些反对意见背后的观念都是一样的，但不同的例子有助于使问题更清晰。第一个例子是最初由葛梯尔提出的例子的修改版。

例子3.1　十个硬币的事例

史密斯有证成地相信：

1. 琼斯是将得到那份工作的人，并且琼斯口袋里有十个硬币。

26

史密斯有证成地相信（1）的理由是，他刚才看见琼斯腾空了自己的口袋，并且仔细地数了自己的硬币，然后将它们放回了自己的口袋。史密斯还知道琼斯非常适合那份工作，并且听到老板告诉秘书说，琼斯被选中了。在（1）的基础上，史密斯正确地推导出并相信了如下命题：

2. 将得到那份工作的人口袋里有十个硬币。

史密斯基于这个推理而有证成地相信（2）。尽管史密斯有证据，但（1）还是不是真的。当老板说琼斯将得到那份工作时，他说错话了。实际上，那份工作将给公司副总裁的侄子罗宾逊。巧合的是，罗宾逊的口袋里也有十个硬币。

在这个例子中（2）是真的，尽管（1）是假的。史密斯对（1）的相信是有证成的，他从（1）正确地推出了（2），并且相信这个推论的结果。因此，史密斯对（2）的相信也是有证成的。而且，（2）是真的。因此，史密斯对（2）的相信是有证成的，而且是真的。但相当清楚的是，史密斯不知道（2）。关于（2），他是对的，这只是一个巧合。

例子 3.2　诺戈特/哈维特的事例[2]

史密斯知道在他办公室工作的诺戈特正开着一辆福特车，诺戈特有福特车的所有权证书，而且诺戈特一般是诚实的，如此等等。据此，史密斯相信：

3. 在史密斯办公室里工作的诺戈特拥有一辆福特车。

史密斯从收音机里听到一家当地的福特车经销商正在举办一项活动。任何与福特车主在同一办公室工作的人都有资格参加抽奖，获胜者将得到一辆福特车。史密斯决定参加，他认为自己有资格。毕竟他认为（3）是真的，所以他得出如下结论：

4. 有个在史密斯办公室里工作的人拥有一辆福特车。（史密斯办公室里至少有一位福特车主。）

结果诺戈特是一个福特车的骗子，因而（3）为假。然而（4）为真，因为史密斯不知道的另一个在他办公室里工作的人哈维特拥有一辆福特车。

因此（4）是史密斯所拥有的一个有证成的真信念，但他并不知道（4）。这只是一个幸运的巧合，因为哈维特拥有一辆福特车，这使（4）对史密斯是真的。

　　例子 3.3　田野里的羊[3]

　　史密斯在一项活动中赢得了一辆福特车，并驾车去乡下兜风。他眺望附近的田野，看见一个看起来完全跟一只羊一样的东西。因此，他有证成地相信：

　　5. 田野里的那个动物是一只羊。

　　史密斯的儿子在后座看书，没有看风景。儿子问他们正在经过的 *27* 田野里是否有羊。史密斯说"有"，还说：

　　6. 田野里有只羊。

　　史密斯由他的所见证成了他的想法（5）是真的。（6）由（5）推导而出，因此他也有证成地相信（6）。

　　结果（5）是假的。史密斯所见的是一条牧羊犬（或者是一只羊的雕像，或者是其他看起来很像羊的东西）。但不管怎么说，（6）实际上是真的。在田野的远处有一只羊，但处在视野之外。

因此，史密斯有一个得到证成的信念（6），而且它是真的。但他不知道，仅仅是因为运气，（6）对他才是真的。

　　应该注意的是，这些例子的细节都可以修改，以便加强史密斯在每种情形中相信错误命题的支持力度。比如，你可以添加任何你喜欢的东西，以支持他关于诺戈特有一辆福特车的信念。诺戈特可以给史密斯看他那带有福特标志的车钥匙，而且他穿着福特的短袖衫，如此等等。无论你给例子 3.2 添加多少细节，诺戈特仍然可能假冒他对福特车的所有权。鉴于这是可能的，所以仍然可能构造一种情境：在史密斯办公室里的某个人拥有一辆福特车，这碰巧为真。同样的话也适用于例子 3.1 和例子 3.3。对于一个信念的证成，仅仅是要求更强的理由，这是不会避免反对意见的。

　　（二）反例的结构

　　例子 3.1 至例子 3.3 有一个共同的结构。在每种情形中，史密斯都有一些基本证据有力地支持某个命题。标准看法认为这种证据对知识来说已足够好。史密斯相信那个命题，然后从中得出进一步的结论。在每个例子中，标号为奇数的句子都描述了史密斯首先相信的命题：

    1. 琼斯是将得到那份工作的人，并且琼斯口袋里有十个硬币。

    3. 在史密斯办公室里工作的诺戈特拥有一辆福特车。

    5. 田野里的那个动物是一只羊。

    标号为偶数的句子描述了史密斯从第一步推出的结论：

    2. 将得到那份工作的人口袋里有十个硬币。

    4. 有个在史密斯办公室里工作的人拥有一辆福特车。（史密斯办公室里至少有一位福特车主。）

    6. 田野里有只羊。

在每个例子中，标号为奇数的命题都是错的。然而，鉴于相关的证据，史密斯相信它们却是非常合理的。它们都是有证成的信念。最终的结论是从前一步符合逻辑地推出的。在每种情形中，最后的结论都是真的。实际上，最后的结论是由于"巧合"而成真的。碰巧得到工作的那个人有十个硬币，碰巧那个办公室里有一位福特车主，碰巧田野里有只羊。史密斯有很好的理由相信第一步的命题，并依照非常好的逻辑原则而推导出第二步的命题。因此，每个最终的结论对他而言，都是有证成的真信念。但在每种情形中那个结论的真实性都跟原初的证据无关。虽然史密斯拥有得到证成的真信念，但他却没有相应的知识。

    阐明这些例子的结构有助于弄清它们所依赖的两个重要原则。第一个重要原则允许史密斯可以有证成地相信标号为奇数的那些命题，尽管它们是假的。我们可以将之称为证成的可错原则（the Justified Falsehood Principle），或简称可错原则（JF）：

    JF. 一个人可能有证成地相信一个错误命题。

第二个重要原则是，第二个命题因为是从第一个命题推导出来的而获得证成。这是证成的演绎原则（The Justified Falsehood Principle），或简称证演原则（JD）：

    JD. 如果 S 有证成地相信 p，而且 p 蕴含 q，S 从 p 演绎出 q 并将 q 作为此演绎的结果而接受，那么 S 就可以有证成地相信 q。

如果刚才描述的那三个例子是可能的，而且这两个原则也是对的，那么传统的知识分析就是错误的。这些例子可能显得比较奇怪，但明显是可能的。这种事情可能发生，也确实会发生。这两个原则也似乎确实正确。因此，看来我们似乎有很强的理由反对传统的知识分析。然而，正如我们将看到的，有些人试图通过拒绝这两个原则来捍卫传统的知识分析。

人们要陈述一个葛梯尔式例子，首先必须找到一种有证成的错误信念的情形。如果可错原则是正确的，那么就有这样的情形存在。然后，人们确定起某个从那个错误信念符合逻辑地推导出的真理。这种真理总是存在的。让相信者从有证成的错误信念中演绎出这种真理，从而继续构造这种例子。如果证演原则是正确的，那么由此产生的信念就是有证成的真信念，但不是知识。

因此，似乎葛梯尔式例子表明传统的知识分析是不正确的。

二、捍卫传统分析

你可能对葛梯尔式例子有些疑虑。怀疑通常基于如下想法：例子中的那个人不是有证成地相信最后的命题，因而不是真的拥有一个有证成的真信念。[4]这种想法要依赖于拒绝刚才陈述的那两个原则中的任何一个。[5]本节我们考察对那些例子的这种回应是否合理。

（一）拒绝可错原则

捍卫传统的知识分析的一种方式就是拒绝可错原则。你可能会认为，*29*如果一个命题是假的，那么一个相信它的人就必然没有足够好的理由来相信它。如果这是正确的，这就以如下方式为传统的知识分析提供了一种辩护。它意味着，在我们的每个例子中，史密斯都不是有证成地相信那个假命题。如果史密斯不是有证成地相信那个假命题（即标号为奇数的命题），那么他就不是有证成地相信由之而推出的命题。因此，他对标号为偶数的命题的相信也是没有证成的。结果是，葛梯尔式例子不是有证成的真信念的情形（因为它们不是有证成的信念的情形），所以它们没有驳倒传统的知识分析。

考虑这种回应如何适用于诺戈特/哈维特的事例。批评者主张，史密斯尽管有证据，但不是有证成地相信命题（3），即诺戈特拥有一辆福特车。其理由是，（3）是错的，因此史密斯的证据一定不够好。更一般地说，批评者认为一个人永远不可能有证成地相信一个错误命题。可错原则是错误的。

因为史密斯相信（3）的理由可以非常强，所以这似乎是一种不大合理的回应。而且，鉴于一个非常合理的假设，拒绝可错原则意味着几乎没有人能有证成地相信任何事情！要明白其中的原因，请考虑某人拥有标准看法所认为的有证成的信念的任何例子。假设这个例子没有任何奇怪的情形，而且事情恰如那个人所相信的一样。对此，我们称之为"惯常情形"。现在，总是可能构造一个作为惯常情形之变异形式的例子。在这个变异形式的例子中，那个人正好拥有相同的证据，但相应的命题却是假的。对这个变异形式，我们称之为"异常情形"。为了充实异常情形的细节，添加欺骗之类的异常结果将是必要的。这样的事情尽管是很不寻常的，但却是有可能的。需要注意的关键点是，在惯常情形和异常情形中，相信者有完全相同的理由相信完全相同的事情。因此，那个信念要么在两种情形中都是有证成的，要么在两种情形中都是没有证成的。如果可错原则是错误的，那么异常情形中的信念就是没有证成的（因为它是错的）。不过，惯常情形中的信念也是没有证成的，因为它们的理由是相同的。这几乎可适用于任何被称为有证成的信念，因此，如果可错原则是错误的，那么就几乎没有信念是有证成的。

刚才展示的推理依赖于相同证据原则，或简称为同证原则（SE）：

> SE. 如果在两个可能的例子中某人对某个命题拥有的证据没有任何区别，那么这个人对那个命题的相信，要么在这两种情形中都是有证成的，要么在这两种情形中都是没有证成的。

同证原则是一个极为合理的原则。如果同证原则为真，可错原则为假，那么就几乎没有东西是有证成的。但（到目前为止，至少）这违反了我们的基本假设，即我们确实知道一些事情。因此，对传统的知识分析的这种辩护不是好的辩护。[6]

有些读者可能依然认为拒绝可错原则是正确的。然而，回想一下，本章当前的任务是搞清标准看法的后果是什么。标准看法认为我们确实知道 *30* 很多事情，然而，拒绝可错原则就意味着几乎没有东西是有证成的，因而我们几乎不知道任何事情。因此，拒绝可错原则需要拒绝标准看法。换句话说，可错原则是标准看法的一个后果。因此，我们在探究知识论的这个阶段拒绝可错原则是不合适的。当我们考察怀疑主义看法时，我们会回到这个话题。

（二）拒绝证演原则

回想一下，葛梯尔式例子像依赖于可错原则一样依赖于证演原则。证演原则说，证成可通过演绎来传递。避免反例而为传统分析所做的第二种辩护是拒绝证演原则。其观念是，当你从有证成的真理正确地进行推理时，其结果是有证成的，但当你从有证成的谬误进行正确的推理时，其结果是没有证成的。换句话说，如果你从一个有证成的真信念开始推理，并正确地从它推出一个结论，那么由此而产生的信念就是有证成的。然而，如果你从一个有证成的错误信念开始推理（请记住，我们接受了可错原则），并正确地从它推出一个结论，那么由此而产生的信念就是没有证成的。因此，依照这种看法，在每个葛梯尔式例子中，那个人都是有证成地相信第一步的命题，即标号为奇数的命题，但不是有证成地相信由之而推出的结论。这种看法的支持者因而拒绝证演原则。

这种看法也需要拒绝同证原则。设想任何一个像葛梯尔式情形的例子，但这里没有任何花招，而且第一步的命题实际上也是真的。在这些情况下，推出的最后结论是有证成的。但是，依照目前的提议，葛梯尔式情形中最后的结论是没有证成的。然而，在每种情形中那个人拥有完全相同的理由。这似乎不合理。

请仔细考虑拒绝证演原则的人在每种葛梯尔式情形中会对史密斯说些什么。批评者可能这样说史密斯："是的，史密斯是有证成地相信在他办公室里工作的诺戈特拥有一辆福特车。他可以由之而推出他办公室里有人拥有一辆福特车，这也是真的。但尽管如此，他对那结论的相信还是没有证成的。"这似乎很荒谬。关于史密斯办公室里有人拥有一辆福特车这个命题，史密斯可采取的什么态度会是有证成的？我们可以合理地对此感到好奇。对史密斯而言，相信诺戈特拥有一辆福特车，但对是否"有人拥有一辆福特车"的问题加以否定或悬置判断，这会是合理的吗？显然不合理。但这似乎就是拒绝证演原则而获得的建议。避免葛梯尔式例子而为传统的知识分析做辩护，拒绝证演原则确实不是一种好方式。

为传统的知识分析做辩护，使其免遭葛梯尔式例子的反驳，这些尝试都是失败的。我们接下来转到另外的回应，根据这些回应，除了有证成的真信念之外，知识还需要其他某种东西。

三、修正传统分析

一个似乎合理的想法是，如果你的信念依赖于一个错误命题，那么你就无法拥有相应的知识。本节我们将考虑几种更清晰地阐述这种想法的努力。

（一）无错误理由论

31   一个信念的证成可能依赖于一个错误，其中一种方式是那个信念的依据或理由中有一个错误命题。迈克尔·克拉克（Michael Clark）利用这种观念为葛梯尔问题提出了一种解决方案。[7]克拉克建议了如下无错误理由（No False Grounds，简称NFG）的知识解释。它给传统的知识分析的三个条件添加上了第四个条件。

> NFG. S知道p=定义：（i）S相信p；（ii）p是真的；（iii）S对
>   p的相信是有证成的；（iv）S相信p的全部理由都是
>   真的。

这里的观念不同于第二节所讨论的建议，而且比它好，根据无错误理由论，有错误理由的信念根本就是没有证成的。这里的观念是，全部理由为真是知识的另一个条件，但不是证成的一个条件。因此，无错误理由论的捍卫者同意说，葛梯尔式例子中的受骗者是有证成地相信他们的信念。这一点是前面所讨论的批评者要否定的。相反，这种回应是说，知识不能依赖于任何错误理由。在前面的每个例子中，史密斯对他最后的信念都有一个错误理由。因此，无错误理由论似乎避免了葛梯尔式反例。

无错误理由论将发挥作用，条件是：（a）在所有葛梯尔式例子中相信者都有一个错误理由，并且（b）在相信者确实有一个错误理由时，不存在有知识的情形。这里的每一个条件都有理由加以质疑。

首先考虑（a）。在有些葛梯尔式例子中，那人在他或她的推理中并没有明显地借助一个错误命题。正如我们将看到的那样，相信者没有错误理由的情形也可能是葛梯尔式例子。我们可以使用一个修改后的诺戈特/哈维特的事例来说明这一点。

例子 3.4 另一条思路[8]

史密斯注意到诺戈特开着一辆福特车，拥有一辆福特车的所有权证书，如此等等。但史密斯没有得出关于诺戈特的结论，他得出了如下结论：

7. 有个在史密斯办公室里工作的人开着一辆福特车，拥有福特车的所有权证书，如此等等。

基于（7），史密斯得出了跟以前一样的最终结论：

4. 有个在史密斯办公室里工作的人拥有一辆福特车。

两个例子之间的差别是，在最初版本中，史密斯明显地借助一个错误命题而得出他的正确结论，但在这个新版本中，他替换了思路而得出同样的结论。

在这个例子的最初版本中，史密斯的思路如下：

N. 在史密斯办公室里工作的诺戈特开着一辆福特车，拥有福特车的所有权证书，如此等等。

3. 在史密斯办公室里工作的诺戈特拥有一辆福特车。

4. 有个在史密斯办公室里工作的人拥有一辆福特车。

（N）是真的，（3）是错的，（4）是真的。因此，这条到达（4）的思路经过了一个错误命题。但在修改后的例子中史密斯用（7）代替了（3）。史密斯现在的思路如下：

N. 在史密斯办公室里工作的诺戈特开着一辆福特

车的所有权证书，如此等等。

7. 有个在史密斯办公室里工作的人开着一辆福特车，拥有福特车的所有权证书，如此等等。

4. 有个在史密斯办公室里工作的人拥有一辆福特车。

（N）和（4）依然是真的，而且现在中间步骤（7）也是真的。因此，在这个版本的例子中，史密斯并没有借助一个错误命题来进行推理。然而，史密斯仍然不知道（4）。这仍然是一个葛梯尔式例子。因此，并不是所有葛梯尔式例子都要依赖于某个人从一个谬误中推出一个真理。

例子 3.4 中仍然有一个谬误潜伏"在附近"，这是真的。命题（3），诺戈特拥有一辆福特车，这是错误的，这似乎很要紧。你甚至可能认为（3）是史密斯的部分理由，尽管他没有明确地想到它。因此，我们面临一个问题：在例子 3.4 中，（3）是不是史密斯相信（4）的部分理由？

一个信念的理由包括哪些东西，我们对此可有较宽泛的和较狭窄的两种解释方式。较狭窄的解释如下：

> G1. 信念的理由只包含那些导向这个信念的推理链中作为明确步骤的其他信念。

如果无错误理由论的条件（iv）采用这种解释的理由，那么例子 3.4 就驳斥了无错误理由论。在这个葛梯尔式例子中，其明确的推理步骤并不包含谬误。这暗示说，克拉克诉诸信念理由的较宽泛的解释会更有利，根据这种较宽泛的解释，信念的理由不只是包括推理的明确步骤。比如，他可有如下建议：

> G2. 一个信念的理由包括在这个信念的形成中起作用的全部信念，包括"背景假设"和预设在内。

如果克拉克用（G2）来解释其知识分析的条件（iv），那么例子 3.4 就不能反驳无错误理由论。原因是，在这个例子中有一个错误的背景假设，即命题（3）。因此，诉诸（G2），克拉克可以合理地主张，在例子 3.4 中，无错误理由论的条件（iv）并没有得到满足，因此他的理论在这里恰好有正确的结果：史密斯不知道他办公室里有人拥有一辆福特车。

这种回答面临的问题是，无错误理由论现在面临另一个反驳。正如本 *33*
节前面所注意到的，无错误理由论有效，仅当那个人的理由中有错误而有
相应知识的情形是不存在的。然而，相当明显的是，即使某人的一些理由
是错误的，他也可能有相应的知识。无论是更具包容性的理由解释，还是
更少包容性的理由解释，这都可能是真的；在理由包含背景信念和预设
时，这种情形尤其明显。如下例子将说明这一点：

例子 3.5　额外理由事例

史密斯有两套独立的理由认为他办公室里有人拥有一辆福特车。
一套跟诺戈特有关。诺戈特说他拥有一辆福特车，如此等等。像往常
一样，诺戈特只是在伪装。但史密斯还有一套跟哈维特相关的同样强
的理由。哈维特没有伪装。哈维特确实有一辆福特车，而且史密斯知
道他拥有一辆福特车。

在这个例子中，史密斯确实知道他办公室里有人拥有一辆福特车。这是因
为，他的跟哈维特有关的理由好到足以给他知识。然而他有一套理由，即
跟诺戈特相关的理由，却是错误的。这表明，即便在你了解的东西中有某
种错误，你依然可能拥有相应的知识。这个反驳是决定性的。它表明克拉
克的条件太强。[9]

因此，克拉克修复传统的知识分析的方式是无效的。如果他使用
（G1），那么例子 3.4 就驳倒了它。如果他使用（G2），那么例子 3.5 就驳
倒了它。一个人对某个信念的理由，其中有一个错误，仅仅是这个事实并
不表明那人没有相应的知识。

（二）无否决理由论

什么是一个信念的证成依赖于一个错误命题，哲学家们还有另一种方
式试图对此做出解释。葛梯尔式例子的一个显著特征可能是，存在一个真
命题，它使得有如下情形：如果相信者知道它，那么他就不会相信（或
者不会有证成地相信）他所考虑的那个命题。因此，相信者的证成实际
上依赖于对这个真命题的否定。[10]

我们可以将这个想法运用于我们的例子。在例子 3.1 中，如果史密斯
意识到"琼斯不会得到那份工作（此命题为真）"，那么他就不会相信将

得到那份工作的人口袋里有十个硬币（或者他不再有任何理由相信这个命题）。在例子3.2和3.4中，如果史密斯意识到诺戈特没有一辆福特车，那么鉴于例子中的其余信息，他就不再有任何好的理由相信他办公室里有人拥有一辆福特车。在例子3.3中，如果史密斯意识到他看见的东西不是一只羊，那么他就不再是有证成地相信田野里有只羊。（相比之下，在例子3.5中，即使史密斯得知诺戈特没有福特车，他还是会继续相信他办公室里有人拥有一辆福特车。）

34　　因此，在每个葛梯尔式例子（例子3.1至例子3.4）中，都有一个史密斯实际相信的错误命题。如果他不相信这个错误命题，反而有证成地相信其否定命题（此命题为真），那么他就会停止相信或停止有证成地相信葛梯尔命题。那个真命题被称作对史密斯之证成的否决。其观念是，当没有真命题否决一个人的证成时，这个人就拥有相应的知识。因此，建议给传统的知识分析添加一个要求，即无否决理由（No Defeater，简称ND）：

> ND. S知道p=定义：（i）S相信p；（ii）p是真的；（iii）S对p的相信是有证成的；（iv）没有任何真命题t，它使得假如S对t的相信是有证成的，那么S对p的相信就是没有证成的。（没有真命题否决S对p的证成。）

无否决理由论似乎能正确处理到目前为止所讨论的全部例子。

然而，不幸的是无否决理由论也有问题。下面讨论它面临的两个问题。

　　例子3.6　收音机事例

　　史密斯正关着他的收音机而坐在他的书房里，他知道收音机是关着的。当时《经典歌曲101》正在播放伟大的尼尔·戴蒙德（Neil Diamond）的经典歌曲《女孩儿，你不久就会成为女人》（*Girl, You'll Be a Woman Soon*）。假如史密斯打开了收音机并调到那个台，史密斯就会听到这首歌并知道收音机是开着的。

为何这造成了一个问题？虽然这可能不会立即就让人感到清楚明白，但它确实造成了一个问题。在例子3.6中，史密斯知道：

8. 收音机是关着的。

传统的知识分析的条件（i）至条件（iii）都满足了。但条件（iv）也满足了吗？也就是说，有任何真信念使得：假如史密斯对这个真信念的相信是有证成的，那么他对（8）的相信就不是有证成的吗？这个故事中的一个真命题是：

9.《经典歌曲 101》现在正播放《女孩儿，你不久就会成为女人》。

假定史密斯对（9）的相信是有证成的。在任何惯常情形中，有许多让史密斯可能有证成地相信（9）的方式。最有可能的方式是史密斯打开了收音机。当然，史密斯得知（9），也可能是有人打电话给他并在电话里告诉他，或者他获得了提醒他的电子邮件信息。但在我们的例子中，假定另外的这些方法都不可用。在我们的例子中，假如史密斯对（9）的相信是有证成的，那么他就打开了收音机并且他听到了那首歌。但假如这是事实，那么史密斯就不会是有证成地相信收音机是关着的。因此，条件（iv）没有得到满足。有一个真命题（9）使得：假如史密斯对命题（9）的相信是有证成的，那么史密斯对（8）的相信就是没有证成的。在某种意义上（或许在多种意义上），史密斯不知道（9），这是幸运的。一方面，这使他知道（8）；另一方面，史密斯不必听那首歌。 *35*

　　这个例子可能有些令人困惑。这在很大程度上是因为如下说法是令人困惑的：假如某件事为真，那么另一件事情为真。这样的句子被称作虚拟条件句。将其用于这个例子，这个条件句说的是：假如史密斯对（9）的相信是有证成的，情况会如何样。对此，最好的决定方式是，考虑史密斯如何可能达到他对（9）的相信是有证成的。在所描述的情境中，方式是史密斯打开收音机，调到《经典歌曲 101》，并在收音机里听到了那首歌。但假如这是事实，那么史密斯就知道收音机是开着的。因此，假如真是如此，那么史密斯就不是有证成地相信收音机是关着的。这就是无否决理由论面临的麻烦。无否决理由论说，假如有另外的某个真命题使得：如果史密斯有证成地相信这个真命题，那么他就不是有证成地相信（8），那么他就不知道（8）。但（9）正好是这样的真命题。

你一旦明白例子 3.6 是如何发挥作用的，沿着同样的思路就很容易构造出另外的例子。虽然有些出人意料，但基本意思非常简单：一个人可以知道一些事实，并且可以有另外的事实使得假如这个人知道了这另外的事实，那么这个人就不知道最初的事实。这是因为，假如一个人能够知道后面那些事实，那么这个人就无法知道前面那些事实。还有，在某些情况下，假如一个人知道后面那些事实，那么前面那些事实甚至不会是真的。现在这个版本的无否决理由论说，当有这样的事实时，人们就缺乏相应的知识。因为这样的事实通常是存在的，所以无否决理由论意味着我们知道得很少。

还有另一种方式，即不知道某些真理，这有助于我们知道一些事情。这些情形也会给无否决理由论带来一个问题。如下就是这样的一个例子：

例子 3.7　格拉比特事例[11]

布莱克看见她的学生汤姆·格拉比特拿了一盒磁带放到他的外套口袋里，并偷偷溜出了图书馆。她知道汤姆偷了磁带。现在设想，有人在精神病医院的汤姆母亲的房间里将汤姆的可耻行为告诉了他母亲。汤姆的母亲回答说，汤姆没做那事儿，那是他的双胞胎兄弟蒂姆干的。进一步设想，汤姆并没有双胞胎兄弟，那只是他母亲的另一个妄想。布莱克对这些一无所知。

为何这会是一个问题？请考虑如下真命题：

10. 汤姆的母亲说汤姆的双胞胎兄弟偷了那盒磁带。

请注意，(10) 本身是真的，尽管汤姆的母亲所说的是假的。假如布莱克有证成地相信的只是这个真命题，而不是这个故事中有关汤姆母亲的其他事情，那么真命题 (10) 就会否决布莱克的证成。(10) 是一个误导性的否决理由。

这似乎是令人困惑的，但意思是相当简单的。如果我们能知道平常的事情，那么就可以有另外的一些真命题，以至于假如我们得知它们，它们就会破坏我们对已知事物的证成。但是，这些否决理由中有些是误导性的。即是说，我们实际上知道一些事情，但假如我们得知这些否决理由，那么我们就不知道这些事情了。不知道这些否决理由，这是我们的幸运。

格拉比特夫人的证词就是这样的。请注意，在汤姆·格拉比特事例中，跟真正的葛梯尔式事例不同，事情恰好如布莱克所认为的那样。布莱克幸运地对那位精神错乱的母亲的胡扯一无所知。假如布莱克知道它们，那么她就会失去她有关汤姆之信念的证成。

因此，这种版本的无否决理由论是无效的。无否决理由论可能的变种会有很多，或许某些版本可以避免这里所考虑的一些反例。另一些变种添了更复杂的分析，而且它们甚至面临更奇怪的一些反例的反驳，但在此我们对它们不予考虑。[12]

（三）一项适中的建议

可以肯定地说，针对传统的知识分析的葛梯尔问题，还没有形成一致同意的解决方案。第二节所讨论的对传统的知识分析的捍卫，以及本节所考虑的对传统分析的修正，都面临着严重的问题。葛梯尔问题仍然没有解决。

然而，在所有葛梯尔式事例中都有一个错误命题，这使人们缺乏相应的知识，这仍然是真实情况。证成以某种方式依赖于这种错误命题，尽管我们还没有详细说明证成究竟如何依赖于错误命题。我们可以利用这一点而采取至少是一种适中的步骤来解决葛梯尔问题。

在所有葛梯尔式事例中，关键的东西是某种意义上的核心信念"必不可少地（essentially）依赖于一个错误"。必不可少地依赖的意思是相当清楚的。比如，在田野里的羊这个事例中，史密斯的"田野里有只羊"的信念，必不可少地依赖于"他所看见的是一只羊"这个命题。在额外理由事例中，史密斯有引向同一结论的两条独立的思路。一条思路是有关诺戈特的，这依赖于一个错误命题；另一条思路是有关哈维特的，这不依赖于任何错误命题。在这个例子中，史密斯相信有人拥有一辆福特车，这没有必不可少地依赖于那个错误命题。这是因为有一条忽视那个错误命题的证成思路。这是在这种情景中可以拥有知识的原因，尽管推理中确实涉及一个错误命题。但它不是必不可少地依赖于那个错误命题。

另一条思路事例和其他一些信念不直接依赖于错误命题的情形，也可以帮助我们澄清"必不可少地依赖于一个错误"这个观念。在这些事例中，史密斯没有明确地借助某个错误命题来进行推理。然而，这里隐含着对某个错误命题的依赖。在通常情况下，如果硬要说，那就是人们所依赖的事物包括那些他们会认为是相关的东西。

37　　　诚然，"必不可少地依赖"这个观念并不是完全清楚明白的。但是，它给我们提供了一个关于知识的有用的定义，我们可以据此而继续前进。这个定义如下：

> EDF. S 知道 p＝定义：（i）p 是真的；（ii）S 相信 p；（iii）S 对 p 的相信是有证成的；（iv）S 对 p 的证成没有必不可少地依赖于任何错误命题。

借助添加条件（iv），（EDF）对传统的知识分析进行了重要的修正。然而，它保留了传统看法的核心，因为它保留了知识需要有证成的真信念这个观念。它只是添加了一个额外条件。（EDF）的一个关键问题，也是它奠基于其上的传统看法的一个关键问题，都跟证成概念相关。对此，我们将在第四章详细讨论。在那之后，我们将考察一些哲学家的看法，他们认为，对传统的知识分析进行相对较小的修改将不会产生正确的知识分析。他们认为一种完全不同的解释更可取。我们将在第五章考察他们的看法。

四、结论

（Q1）问知识的条件是什么，对此，传统的答案是，知识是有证成的真信念。传统的知识分析是一种简洁而有吸引力的知识分析，但葛梯尔式例子表明它并不令人完全满意。其意义是知识需要有证成的真信念和其他某种东西，即知识还有第四个条件。准确地说出知识的第四个条件是什么，这被证明是异常困难的。无错误理由论和无否决理由论都未能成功。似乎至关重要的是，证成不能是不可缺少地依赖于任何错误的东西。尽管这个观念并未得到完整而详细的阐释，但它给我们提供了一种有用的知识解释。因此，我们关于（Q1）的答案是，知识要求有证成的真信念，并且这个真信念没有必不可少地依赖于一个错误命题。

注　释

[1] Edmund Gettier. Is Justified True Belief Knowledge?. Analysis, 23 (1963): 121-123.

[2] 这个例子是基于凯斯·雷尔在如下论文中提出的例子而被提出的: Keith Lehrer. The Fourth Condition for Knowledge: A Defense. The Review of Metaphysics, 24 (1970): 122-128。

[3] 与此类似的一个例子是齐硕姆在如下著作中提出来的: Roderick Chisholm. Theory of Knowledge. 2nd ed. Englewood Cliffs, NJ: Prentice Hall, 1977: 105。

[4] 有可能论证说,史密斯对每个例子中标号为偶数的命题确实拥有知识。但这种方式几乎没有哲学家采纳。仔细反思这些例子而产生的判断几乎是一致的。正如这些例子所表明的那样,当你的信念碰巧为真时,你就是不能获得相应的知识。

[5] 有可能论证说,在我们的例子中史密斯的理由恰好不是非常好的 *38* 理由。但正如我们在第一节第(一)小节所注意到的那样,人们想让史密斯的理由有多强就可以有多强。这类回应似乎是没有前途的。

[6] 在本书第五章我们会考察某些拒绝同证原则的理论。但即使依照这些理论,可错原则也是正确的,葛梯尔式例子驳斥了传统的知识分析。

[7] Michael Clark. Knowledge and Grounds: A Comment on Mr. Gettier's Paper. Analysis, 24 (1963): 46-48.

[8] 像这样的一个例子曾由理查德·费尔德曼在如下论文中提出: Richard Feldman. An Alleged Defect in Gettier Counterexamples. Australasian Journal of Philosophy, 52 (1974): 68-69。

[9] 请注意:无论你使用(G1)还是(G2),这个反驳都是有效的。

[10] 沿着这些思路进行辩护的一个看法,参见: Peter Klein. Knowledge, Causality, and Defeasibility. Journal of Philosophy, 73 (1976): 792-812。

[11] 跟这个例子略有不同的一个版本最先出现在凯斯·雷尔的如下

论 文 中：Keith Lehrer. Knowledge，Truth and Evidence. Analysis，25（1965）：168－175。

［12］对这些选项的讨论，参见：Robert Shope. The Analysis of Knowing. Princeton，NJ：Princeton University Press，1983：chapter 2。

第四章 知识和证成的证据主义理论

第三章提出了传统的知识分析的修改版，如果某种类似于此的东西是 正确的，那么证成就是知识的一个关键的必要条件。而且，证成本身就是一个有趣而令人费解的概念。它将是本章和下一章关注的焦点。本章涉及的是一种传统的但依然被广泛接受的证成解释。下一章将介绍一些相当不同而更为新近的证成（和知识）解释。

为了有助于清晰地聚焦于核心问题，最好是使用一个例子，其中两个人相信同样的事情，但一个人的信念是有证成的，而另一个人的信念是没有证成的。

例子4.1 *盗窃*

有人闯入艺术馆并偷走了一幅珍贵的画作。警官凯尔佛查了此案，并得到了菲尔切尔犯罪的确凿证据。凯尔佛在菲尔切尔的财物中找到了那幅画，在犯罪现场发现了菲尔切尔的指纹，如此等等。凯尔佛形成了如下信念：

1. 菲尔切尔偷了那幅画。

与此同时，哈斯蒂也听说了那起盗窃案。哈斯蒂正巧住在菲尔切尔的隔壁，并且与他有过一些不愉快的交往。哈斯蒂极度不喜欢菲尔切尔，并将所发生的很多坏事都怪罪于他。哈斯蒂有一些模糊观念，即菲尔切尔在艺术店工作，但没有菲尔切尔做什么的具体知识。在没有其他更多信息的情况下，哈斯蒂也相信（1）。

标准看法认为在例子4.1中凯尔佛对（1）的相信是完全有证成的， 但哈斯蒂对（1）的相信是没有证成的。如果你需要添加更多的东西到这个故事中，以便使你自己信服这种评判，那么你就可以添加。然而，照现在的样子看，这个例子应该是相当有说服力的。

本章的目标是以系统而有用的方式阐释将凯尔佛的信念与哈斯蒂的信念区别开的东西，更一般地说，是要确认把有证成的信念与没有证成的信念区别开的一般特征。凯尔佛的信念与哈斯蒂的信念还有很多跟这个目标不相关的区别。比如，哈斯蒂的信念是关于自己的邻居的，但凯尔佛的信念不是关于自己的邻居的。虽然确实如此，但这不是使一个信念有证成而另一个信念没有证成的东西。关于邻居的信念可以是有证成的，但将其看作对证成差异的解释，这甚至一点合理性都没有。一般而言，在回答这个问题时，信念的主题本身很可能是没有任何价值的，因为，几乎对任何主题而言，人们都可以得到有证成的信念，也可以得到没有证成的信念。那差异是什么？[1]

在思考这个问题时，记住如下观念将是有用的：无论一个信念是有证成的还是没有证成的，其认知地位都是一种有关信念的评价性事实。对此进行反思会表明：认知地位必须依赖于其他非认知性事实。首先考虑一个类比，可能会更容易理解这个想法。假设一位教授将一叠打完分的论文发还给她班上的学生。她说有一篇论文写得很好，并被评为很高的等级，另一篇论文很糟糕，她给了一个很低的等级。这样，这位教授就将一些评价性特征归给了这些论文。这些都是关于论文有多好的特征。（虽然这对后面的讨论并不重要，但还是要假定，对于每篇论文的质量都有一个客观真理。）论文的质量依赖于论文的其他特征。比如，有单词拼写错误会减损论文的质量，正如有文法不通的句子会减损论文的质量一样。或许写得清楚明白会提高论文的质量。还有其他各种因素会影响评价。这些因素涉及论文的描述性特征。如果论文有评价性差异，那么就必定有描述性差异，这是需要理解的核心观念。换句话说，如果没有描述性差异，那么就没有评价性差异。如下原则刻画了这个观念：

> 必然地，如果两篇文章具有完全一样的描述性特征，那么它们就具有同样的评价性特征。

有时这被描述为附随论题——论文的评价性特征附随于或依赖于它们的描述性特征。

通过考虑得低分的那个学生的困境，有关那两篇论文的附随论题之合理性可以得到充分理解。假定得低分的那个学生问老师，什么东西使他的论文的等级低于那个论文获得了较高等级的同学的论文的等级。那个老师的如下回答无疑是不对的："这两篇论文之间没有描述性差异。在所有描 *41* 述性的方面，它们完全相同。很不幸，只是你的论文没有那篇论文好。"这个学生可以合理地抱怨说，如果我的论文没有那么好，那么这两篇论文中就一定有某种造成这种评价性差异的东西。

在知识论中，类似的东西也是真的。有证成或没有证成是信念的一种评价性认知特征。引起一个信念的原因，这个信念是否为真，其他人是否相信同样的事情，这些事实都是关于这个信念的非评价性事实。此外，一个人拥有什么样的经验，这个人还相信其他什么事情，诸如此类，所有这些事实都是非认知性事实。评价性的认知事实依赖于这些其他事实。因此，如果一个信念是有证成的，而另一个信念是没有证成的，那么这两个信念之间就必定有某种非评价性差异来解释这种评价性差异。这个观念可以被概括成如下认知附随原则：

> 必然地，如果两个信念具有同样的非认知性特征，那么它们就具有同样的认知性特征。（如果两个信念在非认知性特征方面完全相同，那它们要么都是有证成的，要么都是没有证成的，要么都是有同样程度的证成的。）

我们将在本章和下一章考虑的所有证成理论的捍卫者，都同意这个论题。各种理论之间的差异涉及的是哪些特征决定认知地位，或者哪些描述性事实会造成认知性差异。

一、证据主义

关于例子 4.1，我们的问题关注的是：什么东西使凯尔佛对（1）的相信是有证成的，而哈斯蒂对（1）的相信却是没有证成的。似乎我们的答案相当简单：凯尔佛拥有很好的理由或证据相信（1），然而哈斯蒂却没有。拥有证据是一个信念有证成的标志。对此，我们称之为证成的证据主义理论，或简称证据主义。

尽管证据主义可能是正确的，但正如到目前为止的陈述那样，它还不是一个成熟的理论。证成是一个拥有好的理由的问题，赞同这一点的哲学家们对实际上什么是拥有好的理由的问题有着非常不同的看法。因此，为了发展出一种令人满意的证成解释，还有许多事情要做。随着我们对这个观念进行更细致的考察，那些问题将变得更清晰。

（一）认知评价

在 1877 年发表的一篇著名论文《信念伦理》（"The Ethics of Belief"）中，威廉·金顿·克利福德（William K. Clifford）描述了如下例子：

> 例子 4.2　粗心大意的船主
>
> 42　一个粗心大意的船主在未做任何细致检查的情况下断定他的船是适航的。船起航了，然后沉没了。很多人丧生，这在很大程度上是因为船主在没有费力地检查他的船的情况下就相信他的船是适航的。[2]

克利福德对这个船主做出了一个严厉的结论。基于这个例子和其他一些例子，他阐述了一个很值得研究的一般性结论。这个结论就是克利福德论题（Clifford's thesis，简称 C）：

> C. 无论何处，无论何人，相信没有充分证据的任何东西始终是错误的。[3]

对此，显然有一些问题要问，最引人注目的问题是：什么算作没有充分的证据？我们目前可以绕过这个问题，仅仅假定：如果一个人对于结论"命题 p 为假"比结论"命题 p 为真"有更多更好的证据，那么这个人就没有充分的证据相信"命题 p 为真"。可能克利福德会认为，有充分的证据甚至会要求更多，像很强的证据之类的东西。但对于克利福德论题我们可以用这个较弱的条件来提出一个问题。在讨论和界定克利福德论题时，克利福德写道：

> 对人类负有这种义不容辞的责任的，不只是领导者、政治家、哲学家或诗人。每个在乡村酒馆里偶尔笨口拙舌地说出自己看法的农

夫，都可能帮助消灭或延续那些阻碍其种族发展的致命的迷信。每个
备尝艰辛的工匠的妻子，都可能将那些使社会团结一致或四分五裂的
信念传给她们的孩子。无论头脑多么简单，无论地位多么卑微，都不
能逃避质疑我们一切信念的普遍责任。[4]

克利福德的观念是，基于不充分的证据而相信，会帮助人们延续"致命
的迷信"，未能听从自己的证据会撕裂社会（"使社会四分五裂"）。尽管
克利福德的主张可能看似有点极端，但或许他的这个论题也有某些价值。

一些批评者可能会反对克利福德论题，理由是，适量的证据就可以使
一个信念是可接受的，尤其在必须迅速做出决定的时候。下面这个例子就
是为了说明这一点。

例子 4.3　胸痛

你正打算去度假。在你即将按计划出发之前，你感到轻微的胸
痛。你知道这种痛通常跟消化不良有关，但也可能是心脏问题的征
兆。由于担心可能有严重的问题，你给你的医生打电话。

这是一个明智的行为。然而你拥有的证据是相当薄弱的。你没有充分的证
据相信你有一个严重的内科问题。因此，可能会得出结论说，克利福德论
题是错的。有些时候，很少的证据就足够了。

克利福德对这个反驳有一个好的回答。克利福德论题关心的，不是何 *43*
时行动是错误的，而是何时拥有一个信念是错误的。因此，如果一个例子
给克利福德论题造成了什么麻烦，那么它就必须是关于拥有一个没错的信
念的例子，尽管一个人对它没有充分的证据。如果情况正如刚才描述的那
样，那么你相信你有心脏问题（如果所描述的症状是你这样想的唯一理
由）就是错的。如果你相信你有心脏问题，那么你就毫无意义地完全超
出了你的证据。但是，你确实有足够好的证据相信另一个命题，即你有可
能有心脏问题，而且这个信念给你采取预防措施提供了好的理由。有这个
信念或基于这个信念而行动，并没有任何不对。因此，将信念跟与之相关
的行动区分开，将"你有可能有心脏问题"的命题跟"你确实有心脏问
题"的命题区分开，这提供了避免这个反驳所需要的一切。

但是，对克利福德论题还有其他一些更有效的反驳。

例子 4.4 乐观的击球手

一名美国职业棒球大联盟的球员在关键时刻上场击球。这名球员是一位出色的击球手：他安打次数是他击球次数的三分之一。不过，他经常未能获得安打。像职业棒球大联盟的其他球员一样，他极其自信：每次击球时他都相信他会获得安打。我们会认为，这种自信是有好处的。球员在自信（相信自己会成功）时会表现得更好，在缺乏自信时会表现得更糟糕。

例子 4.4 的详情表明，那个击球手相信自己会获得安打，这并没有什么不对。实际上，他如此相信似乎要表现得好得多。然而，对于"他会获得安打"这个命题，他并没有"充分的证据"。

例子 4.5 康复

一个人患有严重的、很少有人能康复的疾病。但这个人不甘心向疾病屈服。她确信她将是幸运者之一。信心会有一定的帮助：那些乐观的人会稍微好一点，尽管不幸的是，他们中的大多数人也未能康复。

克利福德论题说，患者相信自己会康复，这是错误的。但这个判断似乎太严酷。设想一下，批评一个充满希望的患者，声称保持乐观是错误的。如果乐观是有帮助的，那么就很难说患者保持乐观心态有什么错。

这些例子似乎表明，尽管一个人没有好的证据，但在有些情况下相信某事并没有什么错。然而，克利福德还可能正确地认为，每个基于不充分的证据而相信的案例，都有一种不好的特征：它确实有鼓励不良思维习惯的风险。然而，这个因素在重要性方面总是超过其他考虑。刚给出的两个例子意在表明并非如此。有些时候，基于不充分的证据而相信的好处在重要性方面超过了潜在的危害。

你可能发现你对这些例子有两种看法。一方面，过去的表现意味着例子 4.4 中击球手将击不中。这似乎表明他相信他这次会获得安打有某种不对。另一方面，相信他会获得安打，这往往会提升他的表现，这个事实意味着他相信他会获得安打并没有什么不对。毕竟这个信念有助于他表现得更好，正如集中注意力、正确抓握球棒一样有助于他的表现，或许也像刮擦和吐唾沫的作用一样。同样的考虑也适用于例子 4.5。从那种疾病中康复的统计数据意味着那个患者会康复的信念有些不对。这个信念明显违背事实。然而，这却是她康复的最好机会。我们怎能谴责一个人这样的尝试呢？

解决这些明显冲突的一个好方法是说，这里讨论的有两种（或多种）不同的"错误"概念。一种是有关道德（或审慎或自利）的概念，另一种更关心的是理智上的或知识论上的错误。一个似乎合理的说法是，在这些例子中，信念在道德上是正确的，但在知识论上是错误的。在此，我们不必进入任何有关道德的详细讨论。如下说法就足够了，即在惯常情形中，当一个行为对他人（或自己）有不良后果且没有利益弥补时，这个行为是不道德的。基于不充分的证据而相信可能有克利福德注意到的不良后果。但在例子 4.4 和例子 4.5 中有明显的收益来抵消损失。克利福德论题完全是普遍性的，它说"无论何处，无论何时"相信没有充分证据的东西都是错误的。如果克利福德论题针对的是道德，那么正如现在看起来的那样，它就是不正确的。在这些情形中拥有乐观的和有利的信念恰好不是不道德的。因此，在完全普遍的意义上断言克利福德论题，这很可能走得太远了。有些时候，相信没有充分证据的东西，这在道德上是没有什么错误的。

但是，思考这些例子和克利福德论题，可能会帮助我们聚焦于更为核心的知识论问题。假设一个只关心获得真理的人，处于我们例子中那些人的处境中，或者完全基于那些人所拥有的证据而形成关于他们的信念。这样的一个人会撇开像赢得比赛或从疾病中康复这样的自我利益考虑。（你可能设想一个人要对结果下注，并且此人只对赢得赌注感兴趣。）这个人会只对什么东西确实为真感兴趣。在那种情况下，这个人会相信什么？显然，这种不关心自我利益的相信者不会相信那个击球手会获得安打，也不会相信那个患者会康复。你可以用如下说法来说明这一点：在这些情况下，基于前面所描述的证据，相信那些事情会有某种不对。但这不是一个道德问题，而是一个理性或合理性的问题。换言之，在上面描述的情况下，相信那些事情是知识论上的错误。

我们从中得出的核心观念是，我们可以通过两种方式来评价信念。我

们可以在道德上评价它们[5]：它们是不是有益的？它们会造成任何重大
45 伤害吗？在那两个例子中，（当那个击球手或患者持有那些信念时）那些
信念是有益的。因此，它们得到了道德评价的赞同。我们也可以在知识论
上评价信念。在这里所讨论的知识论的观点看来，这取决于它们是否有悖
于证据。如果克利福德说的是，相信没有充分证据的东西在知识论上是错
误的，那么他就断言了很多哲学家都认为正确的观点。但他关于道德的声
称却是错误的。

克利福德的讨论有助于我们聚焦于知识论上的错误。这种评价正是传
统的知识分析的证成条件所关注的。一个在知识论上有证成的信念是从知
识论的角度得到肯定性评价的信念，无论这个信念在道德或实用方面的地
位如何。

（二）阐释证据主义

证据主义的核心观念可以被表述为如下关于证成的证据主义原则
（Evidentialist Principle about Justification），简称 EJ：

> EJ. S 在时间 t 对 p 的相信是有证成的，当且仅当 S 在时间 t 的证
> 据支持 p。

一种涵盖其他态度的（EJ）也是可能的。它说有证成的态度——相信、
不信或悬置判断——是跟证据相符的态度。在任何特定的时间，一个人的
证据是什么，何谓证据支持某个特定信念，一种完全成熟的证据主义理论
对此会有所解释。

一般而言，证据主义者会说，在某个特定的时间，一个人拥有的证据
就是他那时拥有的全部可用的信息。这包括此人的记忆和他或她所拥有的
其他有证成的信念。当证据主义者说某人"拥有证据"时，他们的意思
跟讨论法律问题的人用这个说法所可能表达的意思是不一样的。假设某个
文件是某个案件中的关键东西。它是你的所有物之一，但你不知道它。就
法律意义上的"拥有证据"来说，你可能拥有相关的证据。但就这里想
要表达的意思来说，它和有关它的事实不是你的证据的一部分。你拥有的
证据是你拥有的你可使用的信息，这里"可使用的"意思难以说清。但
其核心观念是，一个人拥有的证据，由此人拥有的用以形成信念的全部数

据构成，而不是由此人物质上的所有物构成。

要一个人的证据真的支持某个命题，必须是此人的全部证据总的来说支持那个命题。拥有一些支持某个命题的证据，同时拥有一些支持该命题之否定的证据，这是可能的。如果这两部分证据的分量相等，此人又没有其他的相关证据，那么此人的总体证据就是中立的，悬置关于那个命题的判断就是有证成的态度。如果一部分证据比另一部分证据更强，那么相应的态度就是有证成的。在所有情况下，都是总体证据决定哪个态度是有证成的。对此，称之为总体证据条件。

有一种到目前为止尚未被提到的区别，它对证据主义很重要。一个来 *46* 自伦理学的类比可以使这种区别更清楚。一个人可以出于错误的理由而去做伦理上正确的事情。比如，假定一个富人被要求给某个慈善机构捐一些钱，这个富人同意以电子方式转账。慈善机构给了她账号，以便她可以转账。有了这些信息，这个富人决定从慈善机构取钱，而不是捐钱给慈善机构。然而，她按错了按钮，确实将钱转给了慈善机构。她做了正确的事情，但那是因为一个错误。她的行为是正确的，但不是出于"善意"或"良好动机"。尽管她做了正确的事情，但她的性格和动机应受到谴责。

知识论上有跟这个例子类似的情况。假定你有好的理由相信某事，你也确实相信。然而，你不是基于那些好的理由而相信它，而是因占星术的预测或某个逻辑错误的结果而相信它。你因错误的理由而相信了正确的事情。在这种情况下，相信那个命题确实跟你的证据相符，因此，根据（EJ），相信它，这是有证成的态度。但它在知识论上是一个"坏的"信念。从知识论的角度说，你持有那个信念，这做得不好。

这些例子显示出有两个相关的证成观念，我们应该将它们区分开。一个可以被恰当地表述为（EJ）。这是好的行为在认知上的相似物，此行为实际上是好的，即在特定的情况下人们能做出的最好行为。我们有几种不同的方式来表述这个观念：

> S 对 p 的相信是有证成的。
>
> 相信 p 对 S 是有证成的。
>
> 对 p 的相信 S 拥有证成。

所有这些都不必然包含 S 实际上确实相信 p。它们仅必然包含 S 拥有相信 p 在知识论上是适当的所需要的东西。

第二种证成是"因好的理由而做好事"的观念在知识论上的相似物。这是"形成适当"或"基础适当"的观念。我们通常用类似如下的一些说法来表述这个观念：

> S 的信念 p 是有证成的。
> S 的信念 p 是基础适当的。
> S 有证成地相信 p。

这种形式的句子必然包含：S 相信 p 并且 S 因正确的理由而相信 p。下面是这个概念的准确解释：

> BJ. S 的信念 p 在时间 t 是有证成的（基础适当的），当且仅当：（i）在时间 t 相信 p 对 S 是有证成的；（ii）S 基于支持 p 的证据而相信 p。[6]

（BJ）的条件（ii）意在刻画"基于正确的理由而相信"这个观念。我们将之称为基础条件。也可以发展（BJ）的一种一般化形式，将其运用于不信和悬置判断。

47　　　证据主义肯定（EJ）和（BJ）。它认为，任何时候一个人对某个命题的有证成的态度，都是跟此人当时拥有的总体证据相符的态度。如果一个实际的信念（或其他态度）符合此人的证据，并且这个信念是建立在确实支持它的证据之上的，那么这个信念就是有证成的（基础适当的）信念。

（三）对证据主义的两个反驳

反驳 1. 认知上的不负责

例子 4.6　电影放映时间

一位教授和他的妻子要去看《星球大战》（*Star Wars*）第 68 集。这位教授手里拿着今天的报纸，上面列有电影院放映的电影及其放映时间。他记得昨天的报纸说《星球大战》第 68 集 8：00 开始放映。他知道通常电影每天都在同一时间放映，所以他相信今天也会 8：00

开始放映。他没有查看今天的报纸。当他们到达电影院时，他们发现那部电影7∶30开始。当他们向售票处抱怨放映时间变化时，他们被告知正确的时间列在今天的报纸上了。这位教授的妻子说，他应该看看今天的报纸，他认为电影8∶00开始放映，这是没有证成的。

这个例子的意图在于给（EJ）和（BJ）设计一个反例。我们将把讨论限制在（BJ），但是其要点可以轻易修改以适用于（EJ）。因为这位教授忽视了看今天的报纸，所以他没有注意到某些关于电影何时开始放映的证据。结果如下命题为真：

> 2. （当这位教授开车去电影院时）相信电影8∶00开始放映的想法符合他实际拥有的证据，而且他是把他的信念建立在这些证据的基础之上的。

鉴于（2），（BJ）的结果是，他的信念是有证成的（基础适当的）。然而，证据主义的批评者（和这位教授的妻子）会说：

> 3. 这位教授的信念"电影8∶00开始放映"是没有证成的（因为他应该看一下那天的报纸，这样就能获得更多的证据，而这会使原来的信念失去支持）。

因此，（BJ）是错误的，因为它蕴含着这个信念是有证成的。

这个例子依赖于一个原则，根据这个原则，证成部分地依赖于一个人应该拥有的证据。对此，可称之为"获取证据原则"（Get the Evidence Principle），简称GEP：

> GEP. 如果S的实际证据支持p，但是S本应该有另外的证据，而这另外的证据不支持p，那么S的信念p是没有证成的。

（GEP）似乎是合理的，很容易明白为什么证据主义的批评者会被那些吸引他们的诸如4.6这样的例子所说服。将（GEP）应用到这个例子，则它意味着那位教授的信念是没有证成的，因为他有现成的可用证据，他本应该看一下这个证据，而这另外的证据不支持他关于电影放映时间的信念。[7]

　　然而，证据主义者对这个反驳有一种很好的回应。我们应该把认知证

48

成与其他问题区分开。跟证据主义和一般的认知证成理论相关的问题是：鉴于他的实际处境，S 现在应该相信什么？我们将这个问题运用于例子 4.6。当那位教授正开车去电影院时，他做有别于相信电影 8：00 开始放映的任何事情都是相当不理性的。毕竟，他知道：昨天电影是 8：00 开始放映，而且那个电影院通常每晚都在同一时间放映电影。他根本没有理由认为现在电影不是 8：00 开始放映。相信电影 7：30 开始放映，这对他而言会是相当不合理的。因此，鉴于他的实际处境，他相信电影 8：00 开始放映，这是有证成的态度。在这个例子中，证据主义的结果完全正确。

将一些相关问题区分开，这是很重要的。鉴于一个人的实际处境，相信什么是合理的，刚才讨论的那个问题就是与此相关的。另外的问题跟一个人是否应该获得更多的证据（或进入一个不同的处境）相关。假设那位教授本应该看今天的报纸是真的。他胡乱处理而没有那样做。然而，问题依然存在，鉴于他疏忽大意而没有做他应该做的事情，对他而言相信什么是最合理的？答案是，相信电影 8：00 开始放映，这对他而言是最合理的。更一般地说，相信一个人确实拥有的证据所支持的东西是最合理的。因为一个人不知道自己没有证据支持的东西，由自己没有的证据牵着走，这是不合理的。因此，（GEP）是错误的。甚至当一个人应该得到更多的证据时，他在任何特定的时间要做的事情都是受自己确实拥有的证据引导的。

在这个例子中，看一下今天报纸上的列表或许是个好主意。然而，在得出这一结论之前，值得注意的是：还要更加小心并搜寻更多证据，这几乎永远是可能的。那位教授有充分的理由认为，电影 8：00 开始放映，并且相信今天的报纸也会如此说。事后聪明者要批评他是很容易的。但假如他本应该查看今天的报纸，那么或许他也应该查看网上的电影清单，或许他也应该打电话给电影院确认今天报纸上所说的，或许他还应该再打一次电话，找人确认他在第一次通话中所听到的内容。进一步的核查几乎永远是可能的。依据情况的严重性、新信息有用的可能性以及其他一些因素，做进一步的核查工作有时对你是有好处的。但不断地核查绝非总是合理的。所有这一切都与他在实际处境中确实相信什么的合理性无关。

反驳 2. 忠诚

一个好朋友被指控有罪，而你也意识到一些显示她有罪的证据。你很了解这个朋友，并且有跟所犯之罪行不相符的证据。你的朋友因对她提出的指控而感到非常痛苦，她要求你支持她。出于对朋友的忠诚，鉴于你的证据好坏参半，你相信你的朋友无罪。

这是值得称赞的反应。它展现了对需要帮助的朋友的忠诚。人们可能想说，相信你的朋友无罪是有证成的，即使你的证据并不支持你的信念。或许如下说法是合理的：忠诚和友谊的问题在此有优先权，因而在这种情况下，你最好违背你的证据。这似乎可能是证据主义的一个问题，因为证据主义认为，只有证据才能决定什么东西是有证成的。它完全忽略了对忠诚和友谊之类的东西的考虑。你可能会认为这是一个错误。

证据主义者的回应要因本章早先讨论过的一个观念而定。知识论总体上是有关合理信念之本质的，证据主义尤其如此。它们不讨论有关道德的问题。正如证据主义所断言的那样，这个例子中的理性态度是悬置判断，或者可能是相信你的朋友有罪。这可能是"道德上的好人置理性于不顾"的一个实例。但这是另一个问题。这一事实并不会使人对如下问题的证据主义判断产生怀疑，即在这个例子中什么是知识论上的理性态度。[8]

因此，证据主义能够经受住开头的这些反驳。但难以解答的问题仍然存在。回想一下标准看法说的我们所知道的那些事物的清单。准确地说，对于这些事物，我们的证据是什么，以及如何让这些证据为我们的信念提供支持，对此，有一些难以解答的问题。接下来，我们转到关于如何解答这些问题的一些看法。这些都不是证据主义的替代方案。相反，它们是一些阐释证据主义之详细内容的方式。我们将使用哲学史上最著名的一些论证中的一个，以此作为开始讨论这些问题的一种方式。这个论证即无限后退论证。

二、无限后退论证

无限后退论证的表述可追溯到很久以前，有些人说可追溯到（公元3

世纪的）塞克斯都·恩披里柯（Sextus Empiricus），另一些人说可追溯到（公元前4世纪的）亚里士多德。这个论证从如下观察开始：使一个信念有证成的是其他一些信念或理由，至少在通常的情况下是如此。这似乎正好是证据主义本身的一个表述。但你如果仔细想一下，就会发现有一个问题。假如某个信念建立在某些理由的基础之上，但这些理由本身没有基础，那么依赖于这些理由的信念就似乎并不比根本没有理由来支持的某个信念更有证成。比如，在例子4.1中，如果哈斯蒂凭空编造了一个关于菲尔切尔为何盗窃那幅画的完整故事，他或许能援引这个故事作为他相信（1）的理由。但如果他没有好的理由相信这个起支持作用的故事，那么结果就是他没有好的理由相信（1）。简而言之，似乎是，如果你的信念是有证成的，那么你就还需要支持你的理由的理由。但这看似有麻烦。这面临一种后退的威胁：你还需要有支持你的理由的理由，并且你还需要支持这些理由的理由，依此类推。但似乎我们没人能提供这种没完没了的理由。

刚才提出的这个问题在知识论中发挥了核心作用，一方面因为它在历史上很有影响，另一方面因为有利于基于不同理论如何回应它来组织这些理论。有些术语将有助于后面的讨论。从逻辑上讲，关于有证成的信念，似乎有两种可能性：要么每个有证成的信念都因它得到其他一些信念的支持而有证成，要不然就是有些信念不依赖于其他信念而有证成。后一种信念被称作有证成的基础信念。这类信念的其他称谓是直接证成的信念和非推论性证成的信念。我们可以将其表述为一个正式的定义：

> JB. B 是一个有证成的基础信念 = 定义：B 是有证成的，但不是基于其他任何信念而获得证成的。

那么，有证成的非基础信念（非直接证成的信念、推论性证成的信念）就是那些基于其他信念而获得证成的信念。

另一个有用的观念是理由链或证据链的观念。这是一个结构化的信念序列，其中每一个信念都因它之前的信念而获得证成。一个证据链无须每一环或每一层都只有一个命题，注意到这一点是很重要的。比如，在勾画有关凯尔佛的信念（1）的证据链时，我们可能拥有关于指纹和藏有那幅画的事实，并以之作为相信（1）的部分理由。对每一个理由，又会有进一步的理由，这或许会涉及指纹鉴定的结果，等等。

证据链可结构化的方式似乎是有限的。一种可能性是证据链无限长，每一步都有一个在先的理由。另一种可能性是，证据链是一个循环或圆圈：如果你将每个信念的理由追溯到足够远，那么你最终就正好回到这个信念。还有一种可能性是，证据链确实有开端。在任何一个证据链的开端都是有证成的基本信念。最后一种可能性是，证据链可以追溯到根本就是没有证成的信念。

这是一组相当令人困惑的选项。它们似乎都不令人完全满意。我们怎能拥有一个有证成的信念的无穷系列？如果一个信念可以追溯到它自身，那么它怎么会是一个有证成的信念？循环推理似乎明显是可反驳的。没有其他信念的支持，一个信念如何会获得证成——怎么可能存在有证成的基础信念？如果信念可以追溯到没有证成的信念，那么它们又如何能获得证 *51* 成？对证据链的每种解释，似乎都是没有前途的。

我们可以将这些考虑表述在一个严格的论证中。表述出这个论证的主要价值在于，它使刚才已考虑的各种观念和预设更加明确。此外，关于证成的种种理论可以根据它们如何回应这个论证而进行有效的分类。

论证 4.1　无限后退论证

1-1. 要么存在有证成的基础信念，要么每个有证成的信念都有如下形式之一的证据链：

（a）终结于一个没有证成的信念；

（b）须有信念的无限后退；

（c）构成一个循环。

1-2. 但以没有证成的信念为基础的信念本身就是没有证成的，因此有证成的信念不可能拥有一条终结于一个没有证成的信念的证据链［即排除（a）］。

1-3. 无人能拥有一种无限的信念系列，因此有证成的信念不可能拥有一条使信念无限后退的证据链［即排除（b）］。

1-4. 没有信念能由自身而获得证成，因此有证成的信念不可拥有一条构成循环的证据链 [即排除 (c)]。

1-5. 存在有证成的基础信念。(1-1) — (1-5)

这个论证是有效的。即是说，如果这个论证中的前提是正确的，那么结论就必然是正确的。如果这个论证完全搞错了，那么它就必然有一个错误的前提。因此，要么我们必须接受这个论证的结论，即存在有证成的基础信念，要么就拒绝这个论证的某个前提。知识论中的理论可部分地借助于它们如何看待这个论证而对这些理论进行分类：

基础主义：这个论证是合理的。存在有证成的基础信念，它们是我们所有其他有证成的信念建立于其上的基础。

融贯论：这个论证的前提 (1-4) 是错误的。一个命题的证成可依赖于另一个命题，它自身的证成又依赖于另外的命题。更一般地说，当一个人的信念以一种融贯的方式跟这个人的其他信念结成一个整体时，这个人的信念就是有证成的。因此，一个人的信念因整个系统而获得证成，这个信念是整个系统的一部分。因此，一个信念部分地因自身而获得证成，(1-4) 是错误的。

怀疑主义：因为基础主义和融贯论都完全是不合理的，而这个论证也没有其他什么地方出错，所以它必然是一开始就错了，即它错误地假定存在有证成的信念。不可能存在任何有证成的信念。

52　　对这个论证还可能有其他反应。一些哲学家说证据链可终结于没有证成的信念，所以他们拒绝 (1-2)。另一些哲学家说无限的理由链是可能的，所以拒绝 (1-3)。在此我们不考虑这些看法。

在很长一段时间里，基础主义都是流行的看法，其主要问题是，基础主义者是否有任何适当的方式来捍卫他们的看法而免受怀疑主义的责难。这其中很大一部分涉及澄清基础主义恰好意味着什么的问题——解释一个基础信念恰好是什么样的。近年来，许多哲学家拒斥基础主义，并且有些哲学家接受了融贯论。基础主义和融贯论是本章余下部分讨论的焦点。

三、笛卡尔式基础主义

基础主义包含两个基本主张：

F1. 存在有证成的基础信念。

F2. 全部有证成的非基础信念都是因它们跟有证成的基础信念的
关系而获得证成的。

这些断言引发了基础主义的如下问题：

QF1. 我们有证成的基础信念是关于哪些种类的事物的？哪些信
念是有证成且基础的？

QF2. 这些基础信念怎样是有证成的？如果它们不是因其他信念
而有证成，那它们如何获得证成？

QF3. 为了获得证成，非基础信念跟基础信念之间必须有何种联系？

可以通过对这些问题的回答来识别不同形式的基础主义。

（一）笛卡尔式基础主义的主要观念

勒内·笛卡尔是 17 世纪一位极具影响力的哲学家。他被广泛地认作
一种特殊形式的基础主义的捍卫者。然而，很难从他的著作中摘录出经常
被归于他的那种形式的基础主义。[9]我们把要讨论的这种看法称为笛卡尔
式基础主义，在某些地方，我们通过说"笛卡尔式的看法是……"来引
入这种看法的某些方面，尽管笛卡尔实际上不大可能真的认同我们要描述
的这种看法的所有方面。

笛卡尔式基础主义对（QF1）的回答是，挑出我们关于自身心灵状态
的信念作为基础信念。描述一个人似乎看到了什么、想了什么、感觉如何
等的命题是基础性的。笛卡尔似乎认为，基础信念在某种意义上是不可怀
疑的或不可能有任何错误的信念。他注意到，你自己的"你存在"的信
念是不可能有错的，这似乎可以被归类为基础信念。根据笛卡尔式基础主
义，其余我们所知道的东西是我们可以从我们的基础信念中推导出来的东
西。因此，如果我们有关于周围世界的知识，那是因为我们可以从这些基

础信念中推导出我们所知道的事物。

（二）笛卡尔式基础主义的详细阐释

正确理解被笛卡尔当作基础信念的信念是很重要的。请考虑如下这种句子：

> 4. 勒内像是看到一棵树。

实际上可能没有勒内像是看到的那种东西。（4）只是描述了对他而言事物看起来如何。事物可以看起来是"当他确实看到一棵树"的那样。但在其他情况下，比如在他做梦时，或者陷入幻觉时，它们也可以看起来如此。（4）只是描述了勒内的内在心灵状态。笛卡尔以类似的方式思考了疼痛的感觉。一个人可以"感到疼痛"，即使像是疼痛的那部分身体什么事都没有。

一般而言，笛卡尔对（QF1）的回答是说，基础信念包括关于心灵状态的信念——关于"事物在你看起来或听起来是如何"的信念，关于"你记得什么"的信念，等等。这些信念都是印象信念（appearance beliefs），它们描述的内在状态就是一些印象（appearance）。印象信念并不限于关于事物看起来如何的信念，意识到这一点很重要。它们包括关于"事物听起来、尝起来、摸起来、闻起来是如何"的信念。此外，关于"你像是记得什么"的信念，或许包括关于"你自己相信什么"的信念。总而言之，印象信念是关于你自己心灵之当下内容的信念。

印象信念本身并不蕴含"一个人自身心灵之外的世界是什么"的任何内容。换句话说，印象信念并不蕴含关于外部世界的任何东西。原则上讲，在睡梦中、幻觉中或正常知觉中，都可以拥有相同的内在状态。当哲学家使用"外部世界"一词时，它指称的是一个人心灵之外的任何东西。因此，你自己关于它们的经验和你的信念都在你的心灵之内。从你的角度看，其他任何东西都是外部世界的一部分。因此，从你的角度看，你的朋友和邻居心灵中的事物也都是外部世界的一部分。

这里有一个区分值得注意。你可以用"它对我而言像是 p"意指"我相信 p"。同样，你可以用（4）来意指勒内相信他看到一棵树。但这不是我们的意思。相反，我们的意思是他的心灵状态是一种"像是看到一棵树"的状态。他心灵中的印象是"树样"（tree-like）。正如我们对（4）的理解，如果笛卡尔的心灵中有一个"树样"的印象，而且他知道这个印象是在某种心理实验中人为地诱导出来的，那么笛卡尔就会相信（4），（4）就会是真的。在这种情形中，他会说："我像是看到一棵树，但我不相信我真的看到一棵树。"

关于笛卡尔式基础主义对（QF2）的回答，有一种解释依赖于如下这 *54* 个观念：基础信念是对"一个人不可能怀疑的命题"的信念。它们被认作不可怀疑的。换句话说，基础信念是不可能被怀疑的或不可能不被相信的印象信念。或许当一个"树样"的印象出现在你的心灵中时，你不得不相信你像是看到一棵树。如果这就是对（QF2）的那个回答背后的观念，那么一个一般化答案就似乎是，基础信念是有证成的，因为它们是对"在那种情形下我们没有能力怀疑的命题"的信念。但这不是对（QF2）的一个好的回答。没有能力怀疑一个命题，并不会使"相信这个命题"在认知上是有证成的。它反而可能是一种心理局限的结果。假定一个人在心理上如此依赖他母亲的爱，以至于他不能怀疑他母亲爱他。这并不会使那个信念在认知上是有证成的。这个人可能有大量好的证据去相信相反的情况，但缺乏相信其理由所支持的事情的能力。因此，没有能力怀疑，并不会使某事是有证成的，因而不能解释基础信念为何是有证成的。

笛卡尔的著作中还有另一个主题。他认为我们关于自身内在状态的信念是不可能有错的信念。这个观念是：如果相信（4）一样的东西，那么对此，他不可能搞错。对于是否真的有棵树，他有可能搞错，但对于是否看起来像是有一棵树，他不会搞错。更一般地说，这个观念是：基础信念是有证成的，因为它们是对我们不可能搞错的那些命题的信念。换句话说，我们对它们是不会犯错的。因此，我们会认为笛卡尔式基础主义对（QF2）的回答是，基础信念是因我们不可能犯错而获得证成的。

接下来考虑人们通常所认为的笛卡尔对（QF3）的解答。他明显认为，其他有证成的任何东西都必须从有证成的基础信念演绎出来。因此，他认为，为了关于外部世界的信念获得证成，你必须将它们跟基础信念结合起来，以保证这些关于外部世界的信念是真实的。这是一项很困难的任务，因为关于事物看起来或像是如何的断言并没有这样的保证。笛卡尔自己的方式如下。[10]他认为某些关于逻辑和概念问题的简单信念也是基础性的。或许他的观念是，关于这些问题的简单命题是我们可以仅仅通过对它们的反思而正好看出它们为真的那些命题。例子或许是"所有的东西都与其自身等同"这个命题，或者"如果 P 和 Q 的合取为真，那么 P 为真"这个命题。我们在此不详细讨论这个问题，只是将这类基础信念识别为简单的逻辑真理，并将"我们对这些命题的信念也是有证成的基础信念"的看法归于笛卡尔，这就足够了。

鉴于笛卡尔对（QF1）、（QF2）和（QF3）的回答，有些关于外部世界的信念是有证成的，对此他的论证方式是说，简单的逻辑真理包括这样的一些命题，他能根据这些命题决定性地证明上帝存在，并且上帝不会或不能是一个骗子。但如果你的印象信念是误导性的，那么上帝就会是一个

55　骗子。用这个结论跟他的印象信念相结合，他推出了大量有关外部世界的信念。通过这种方式，他得出结论说，我们确实拥有关于世界上大量事实的知识。

因此，笛卡尔式基础主义是一种可由如下三个断言来刻画的看法，这三个断言由基础主义的三个问题的答案组成：

CF1. 关于一个人自身内在心灵状态的信念（印象信念）和关于简单的逻辑真理的信念是有证成的基础信念。

CF2. 有证成的基础信念因我们不可能将它们搞错而获得证成。关于这种事情，我们是"不可错的"。

CF3. 我们其他有证成的信念（比如我们关于外部世界的信念）因它们能从我们的基础信念中演绎出来而获得证成。

（三）对笛卡尔式基础主义的三个反驳

反驳 1. 我们对自身心灵状态不是不可能犯错的

如果可以表明我们对自身心灵状态不是不可能犯错的，那么（CF1）和（CF2）的组合就是可驳倒的。下面的例子表明，有好的理由认为，我们甚至在这些问题上都可能犯错。

例子4.8　煎锅

你正在朝上面放着一个插电煎锅的灶台走去。你刚被告知要当心那个煎锅，因为它很烫。当你接近灶台时，你被绊了一下，并伸出手以防摔倒。不幸的是，你的手正好按在那个煎锅里。你立即缩回手，并且想：

5. 我现在有一种很烫的感觉。

但事实上，正如你很快意识到的那样，那个煎锅并没有开启。你一点儿都不感觉到烫。[11]

据说在这种情况下，你相信（5），（5）是关于你自己当下心灵状态的一个命题，但（5）是错误的。如果这些都是正确的，那么我们对自身心灵状态就不是不可能犯错的。

要评估这个例子，重要的是对（5）的确切含义要小心谨慎。感觉这个词是有歧义的。它既可以被用来暗示确实有一个正被感觉到的外部事物，也可以被用来指称一种纯粹的内在状态。根据第一种用法，（5）是真的，仅当实际上接触到一个很烫的东西。在这种解释看来，（5）并没有表达被笛卡尔式基础主义者称为基础信念的那种信念。它不是关于一个人心灵状态的命题。根据这种解释，（5）说的是，一个很烫的东西正在引起当下烫的感觉。

对（5）的第二种解释使它仅仅是关于你内在状态的一个命题。它只是说，你正有烫的感觉，即你感觉到烫。它对这种感觉的任何外部来源都没有说任何东西。这就是笛卡尔主义者心目中的那种基础信念。不幸的是，对笛卡尔式基础主义而言，当（5）以这第二种方式被解释时，那反驳似乎有效。反对者可以合理地说，你不仅有一个大致相当于说"我触碰了很烫的某种东西"的错误信念。你还有一个错误的信念，这是关于你的经验本身的特征的信念。你错误地认为你正有一种烫的感觉。当以这第二种方式来理解时，如果那个例子是可能的，那么我们就确实可能将我们的经验搞错。这会给笛卡尔式基础主义带来麻烦。而且，它似乎确实可能。什么东西会阻止人们搞错自己的经验？

作为对这个例子的回应，笛卡尔式基础主义的捍卫者可能有话要说。[12] 比如，那反驳要求预期有可能影响我们对自己感觉的信念。这确实可能。然而，预期也有可能影响我们的感觉本身。即是说，或许假如这种事情发生，那人就真的会有片刻的烫的感觉。如果这就是实际所发生的，那么那个信念就根本没有错。因此，这个例子的支持者依赖于如下预设：预期和预料影响你对一种感觉相信什么，但不影响这种感觉本身。假如它确实转变了这种感觉，那么你就根本没有搞错你对自己内在状态的信念。

然而，要捍卫笛卡尔式基础主义，人们必须论证：预期必须总是影响感觉和信念，或者对二者都不影响。很难理解为何这是真的。此外，采用这种回答的笛卡尔式基础主义者，对于在这个例子中究竟发生了什么，会有一个令人很困惑的解释。在这个例子中，会有一个意识到真实情况的时刻，即你意识到那个煎锅不烫的时刻。但假如当你认为是如此时，你真的有一种烫的感觉，那使你的感觉（和信念）发生转变的究竟是什么？为什么你认定你错了？毕竟，那个回答是说，事情确实像你认为它们所是的那样。相比之下，笛卡尔主义的批评者对意识到真实情况的那一刻却有一种似乎合理的解释。过了一会儿，你意识到，你没有感觉到你认为你感觉到的那样。你的信念改变了，但你的感觉没变。你搞错了你的感觉。

另一个例子会指向同样的结论。在这个例子中，一个人被告知发痒是疼痛的轻微情形。[13] 这个人感到发痒，并相信他正感到发痒，因而推断他正感到疼痛。然而，这个结论是错的。发痒不是疼痛，他没有疼痛的感觉。这再一次表明，我们在这些问题上不是不可能犯错的。

这些例子反驳了所有意味着"关于一个人自身感觉的信念全部为真"的基础主义。或许笛卡尔式基础主义确实意味着如此。但这个理论的一种修改版将避免这个结果，对于这种修改后的笛卡尔式基础主义，本章后面会有所讨论。

还有另一种不接受（CF2）的理由。你对某事不可能是错的，很难理解这个事实（如果它是事实）为何是一种起证成作用的事实。假定某个命题不可能是错的。它是一条为真的逻辑律，或可能是一条为真的自然律。如果你相信这个命题，那么你的信念就不可能是错的。但你的信念可能只是一个幸运的猜测，或者是碰巧导致了一个真信念的一系列错误的结果。如果你知道你不会有错，那么这会给你提供一个理由。但如果你不知道这一点，那就不清楚为何那个事实会使你的信念是有证成的。因此，（CF2）意味着，如果一个信念是不可能有错的，那么它就是有证成的。经过反思，这似乎是错误的。

我们对于自身心灵状态的不可错性不是笛卡尔式基础主义面临的唯一问题。我们现在转到第二个问题。

反驳 2. 关于内在状态的信念不多见

笛卡尔式基础主义说，全部证成都来自有证成的基础信念，这些信念是我们关于自身内在状态的信念。但在通常情况下，我们并不形成关于自身内在状态的信念。当你环顾房间时，你通常不会相信这样的事情："我像是看到那里有椅状的东西"。你直接相信"那里有一把椅子"。再考虑本章开头提出的那个例子，在这个例子中，凯尔佛相信菲尔切尔盗窃了那幅画。基础主义似乎会认为：这个信念是基础适当的，仅当凯尔佛将他的信念最终建立在关于他自身当下心灵状态的信念之上。几乎不可能想象凯尔佛如此做。他可能形成关于他心灵中出现的声音或图像的信念，由此推断出关于犯罪之存在和性质的一些事情，进而最终推断出菲尔切尔偷了那幅画。但这会是一个复杂而冗长的推理链。几乎没人做过这样的事情。

因此，笛卡尔式基础主义似乎会遭到如下反驳：

论证 4.2 内在状态的信念不多见论证

2-1. 人们很少将自己关于外部世界的信念建立在他们自身内在状态的信念之上。

2-2. 如果笛卡尔式基础主义为真，那么外部世界的信念就有适当的基础，仅当它们建立在人们关于自身内在状态的信念之上。

2-3. 如果笛卡尔式基础主义为真，那么人们关于外部世界的信念就很少会有适当的基础。（2-1），（2-2）

2-4. 人们关于外部世界的信念很少有适当的基础，这不是真的。（标准看法）

─────────────────────────────

2-5. 笛卡尔式基础主义不是真的。（2-3），（2-4）

这对笛卡尔式基础主义来说是一个相当麻烦的论证。前提（2-1）似乎准确地描述了我们形成信念的方式。前提（2-2）显然是笛卡尔式基础主义的一个结果。前提（2-4）显然是标准看法的一个结果，我们暂时假定标准看法为真。结论来自这些前提。笛卡尔式基础主义者可以捍卫他们的看法，仅当他们能找到一种方式来拒绝这些前提中的一个，而且(2-1)似乎是最佳选项。其他形式的基础主义可以通过对（QF1）提出新的解答来避免这个反驳。在转到那些理论之前，考虑一下是否有任何可信的理由来拒绝这个论证的前提（2-1），这是有所帮助的。

当我们度过一天时，我们并不有意识地注意关于我们心灵内容的那些命题，这个观察显然为真，并且为前提（2-1）提供了支持。我们不会有意识地形成这样的想法："我现在正像是看到椅状的东西"或"我现在正像是听到铃铛声样的东西"。然而，我们有理由认为，在任何既定的时间，我们拥有的信念比我们当时有意识地注意到的信念多得多。至少有三类这样的信念出现在人们的心灵中。第一类由储存在记忆中的信念组成。你大概在片刻之前拥有关于你自己名字的信念，关于谁是总统的信念，如此等等。你当时并没有想到这些事情。因此，储存的信念是一种未处于有意识地考虑中的信念。

第二类可能的无意识的信念是用以帮助解释行为的信念。假设你走进一个房间，注意到灯没亮。你想要阅读，因而走到附近的一个开关前把灯打开。如果要求解释你的行为，你可能会说你想要开灯，并且你相信开关控制着灯。这种解释似乎不错，尽管你并未对自己说任何"开关控制着灯"之类的话。这种信念无须有意识地构想。然而，你确实拥有那个信念，而且它对你的行为产生了影响。

最后一类可能的无意识的信念是那些"一旦想到就完全显而易见"的信念，尽管你以前没有想过它们。假定有人告诉你乔治·华盛顿从未去过迪斯尼乐园。你之前可能没有想过这件事。但这对你来说似乎不是什么新闻。鉴于你所知道的其他事情，它是显而易见的。或许这暗示你早已相信它，尽管不是以有意识的方式相信。

所有这些例子都是有争议的，它们带来了一些关于何谓相信某事的难题。有待考察的是，它们能否帮助笛卡尔式基础主义的捍卫者。笛卡尔式基础主义在这个方面的一个捍卫者是蒂莫西·麦格鲁（Timothy McGrew），他提出，关于我们自身意识状态的信念是另一种无意识的信念。麦格鲁说："对视觉、触觉和听觉刺激的感知通常是下意识的，但并不因此就跟经验信念的证成无关。"[14]他的观点似乎是，我们有一种关于经验特征的下意识感知，我们因此有关于这些特征的下意识信念，而这些下意识信念是证成我们关于外部世界之信念的基础信念。关于这些信念的存在，如果他是正确的，那么内在状态的信念不多见论证之前提（2-1）就是错误的。

麦格鲁的立场有一定的价值。然而，存在质疑它的理由。首先，"对刺激的感知"不同于拥有关于那刺激的信念。说我们感知到某种刺激就是说我们对那种刺激拥有一种意识经验。因此，如果你走进一个房间，看到一把椅子，那么你就拥有一种带有某种特征的知觉经验。你感知到某种刺激。但是，并不能由此推出你形成了一个其大意是"你正体验到那刺激"的信念。像这样的信念似乎牵涉到一种对个人经验的监视，但我们通常并不这样做。

此外，在前面提到的那些无意识信念的例子中，至少在惯常情形下，如果被问及这些信念，相信者会承认它们。但印象信念却与此相当不同。要让人们想到这样的事情通常是很困难的。很多人都不愿说他们拥有这样的信念，除非是在不寻常的情形下他们被要求关注幻觉、知觉假象等的可能性。这让人怀疑如下观念：人们惯常性地仍会形成关于自身内在状态的信念。

最后，麦格鲁的解释使证成以一种奇怪的方式依赖于我们心理系统的一些细节。一个例子可以说明这一点。假定两个人走进一个房间，里面有一把椅子清晰可见。他们二人都朝那把椅子看去，都形成了一个信念：出现了一把椅子。最后假定其中一人确实形成了一个下意识信念：他像是看到一把椅子。然而另一人绕过了这一步，径直从那经验形成了那里有一把椅子的信念。麦格鲁的提议有一个明显的结果：前者相信那里有一把椅子的信念是有证成的，但后者的那个信念却是没有证成的。很难相信下意识的心理差异在证成上会是紧要的。

这些考虑并没有完全驳倒麦格鲁的建议。这些问题部分地依赖于关于信念的本质和我们加工信息的方式的难题。尽管如此，它们的重要价值还是足以使我们有理由去探寻一个更好版本的基础主义。

反驳 3. 演绎太过严格

对笛卡尔式基础主义的最后一个反驳是最具决定性的。它关系到（CF3），即要求有证成的非基础信念可从基础信念中演绎出来。为了便于论证，假定对到目前为止的反驳意见都有令人满意的回答，并且（CF1）和（CF2）都是正确的。因此，为了便于论证，我们假设，比如，当你走进一个房间，对你而言事物看起来如何或像是怎样的，你有大量有证成的信念。我们还补充一点，关于你的清晰记忆和当下心灵状态的一些其他方面，你也有大量有证成的信念。鉴于（CF3），如果你关于外部世界的信念是有证成的，那么你就必须能从这些基础信念的集合中演绎出房间里有一把椅子、灯是亮着的等这样一些东西。将同样的考虑运用于例子 4.1，如果凯尔佛是有证成地相信菲尔切尔偷了那幅画，那么这个结论就必须可以从凯尔佛的基础印象信念的组合中演绎出来。然而，这个要求完全得不到满足。

60　　说关于外部世界的命题可以从印象命题中演绎出来，这就是说，当关于外部世界的命题为假时，印象命题不可能为真。不幸的是，这是可能的。你有可能拥有一个梦觉或幻觉，在其中你经验到跟你进入一个房间正好一样的东西。凯尔佛可以拥有与一个精心策划的阴谋之结果同样的经验，在这个阴谋中菲尔切尔被诬陷偷了那幅画。一般而言，没有任何一套经验可以在逻辑上保证任何关于外部世界的特定命题。（CF3）的演绎条件太过严格。

（四）笛卡尔式基础主义的结论

很明显，鉴于标准看法的真理性，笛卡尔式基础主义不是一个令人满意的理论。它有如下一些问题：

1. 一个人关于自身心灵状态的信念并不能免于错误。因此，如果关于这些事情的信念是基础性的，那么使它们有证成的东西无论是什么，都必须是不同于这种特征的某种东西。对于什么使基础信念是有证成的，我们需要另外的解释。因此，必须修改（CF2）。

2. 并非所有关于一个人自身心灵状态的信念都是有证成的基础信念。

一个人关于自身心灵状态的信念可以来自其他信念，因而可以是非基础性的。关于这些事情的信念可以是没有证成的。

3. 笛卡尔式基础主义者当作基础的东西是那些我们在通常情况下根本不相信的东西。我们信念的起点似乎是对世界的日常观察，而非内省。因此，（CF1）需要修改。（当然，这一点是有争议的。）

4.（根据标准看法）我们所知道的很多东西不可能从基础信念中演绎出来。如果我们的基础信念是关于我们自身内在状态的信念，那么这一点就显然为真。但即使我们把对外部世界的自发判断当作基础性的，我们所知道的很多东西也不能由此演绎出来。

有一个版本的基础主义试图按这几点的意思做出改变，在对它进行考察之前，考虑一下在哲学史上很有影响的另一种证成方式将是很有帮助的。

四、融贯论

（一）融贯论的主要观念

融贯论的证成理论的核心观念是，每个有证成的信念都因它跟其他信念的关系而获得证成。换一句话说，没有信念是根本性的或基础性的。因此，融贯论者拒绝无限后退论证的前提（1-4），即后退论证中拒绝循环证据链的那一步。这并不是因为他们认为：可以由另一个信念来证成某个 *61* 信念，由第三个信念来证成第二个信念，然后诉诸第一个信念来证成第三个信念。相反，他们的观念是：证成是一种更加系统性的、整体性的事情，每个信念都以它融入某人的整个信念系统的方式而获得证成。

因此，融贯论者赞同如下两个核心观念：

　　C1. 只有信念才能证成其他信念。除了信念之外，没有任何东西能导致证成。

　　C2. 每个有证成的信念都部分地依赖于其他信念而获得证成。（不存在有证成的基础信念。）[15]

融贯论者认为，当某个信念跟一个人的其他信念一致或融为一体时，这个信念就是有证成的。正如下面的例子所表明的那样，这个观念相当符合直觉。

例子4.9　生长头发

哈里对药物的疗效通常保持着冷静的头脑。在相信它们有效之前，他总是想要看证据。他拒绝基于个人推荐的那些稀奇古怪的声称。他对那些广告上吹嘘的所谓神奇疗法保持着审慎的怀疑。但哈里开始掉头发了，他对此很不安。一天，他听某人说"美乐生发素"（Miraclegro）能治愈秃头，他就相信了。

6. 美乐生发素能治愈秃头。

你应该想到这个信念是没有证成的。特别值得注意的是，这个信念对哈里是相当不融贯的。你可能会说他不应该糊涂到相信这种东西。其实他的确没那么糊涂，他自己的原则告诉他：别在这样的情况下相信（6）。对此，融贯论者会同意。他们会说，这个信念对他是不融贯的，它跟他的其他信念不相符。哈里按以下思路来接受某事情：

P. 一种医学治疗是有效的，仅当有好的临床证据表明它是有效的，但没有好的临床证据表明美乐生发素是有效的。

然而，哈里在缺乏必要证据的情况下相信了（6）。我们可以在他的信念系统中看到一个不融贯的地方。关于美乐生发素的信念是他信念系统中的一个显眼的"坏"信念。

例子4.9表明了一个信念未能跟某人的其他信念融贯一致的一种方式。这就是：单个的信念违背了相信者的一般原则。另一个例子会表明某个信念未能跟其他信念融贯一致的另一种方式。

例子4.10　坠落的树枝

斯托姆家拥有两辆车，一辆相当新，另一辆则很破旧。它们每晚都停放在私人车道上。一天晚上下了一场大冰雹，树枝上集结了大量的冰，这导致树枝被压断并坠落下来。有一棵树的树枝伸展在私人车道的上方。斯托姆听到了声音，一根树枝砸到了正好在车道上的某辆车。斯托姆想，这根树枝一定砸到了那辆破旧的车。

例子4.10跟例子4.9相似，它们都涉及某种主观臆断的思维。但是，在例子4.10中，斯托姆可能并未违背他接受的任何一般原则。除非他对车的具体位置和树枝的声响还有另外的信念，否则他对车的信念在他的信念系统中就得不到任何支持。我们可能会说，在例子4.10中，斯托姆的信念缺乏正向的融贯性：他的信念系统对这个信念没有正向的支持。相比之下，在例子4.9中，哈里的信念拥有负向的融贯性：它跟哈里信念系统中的其他信念相冲突。根据融贯论，为了一个信念是有证成的，它就必须不像这两个例子中的任何一个。然而，这些考虑都不等于是对何谓融贯的准确解释。到目前为止所说的一切，完全没有清晰地解释跟其他信念的何种冲突会排除融贯的可能性，也没有清楚地解释何种内在的支持是融贯所必需的。此外，正如在下一节将会变得更清楚的那样，以下这个问题是很重要的：根据融贯论的标准，为了获得证成，一个信念究竟必须与什么东西融贯一致？

于是，一个融贯论的初始构想如下：

> CT. S对p的相信是有证成的，当且仅当p跟S的信念系统融贯一致。

为了发展出一种相当精确的融贯论，融贯论者必须处理两个问题：

> QC1. 什么东西算作S的信念系统？
>
> QC2. 什么是一个信念跟某个信念系统融贯一致？

为了理解这些问题的影响力，设想融贯论者做出了两个假定：

> A1. S的信念系统=S相信的一切东西。
>
> A2. 如果一个命题在逻辑上可从某个信念系统中所有东西的合取推导而出，那么这个命题就跟这个信念系统融贯一致。

将（A1）和（A2）运用于（CT），就可产生如下融贯论：

> CT1. S对p的相信是有证成的，当且仅当p在逻辑上可从S相信的一切东西的合取中推导而出。

稍加反思就可以发现（CT1）具有荒谬的结果，即任何人相信的任何 *63*

东西都是有证成的。支持这一点的论证很简单。假定 S 相信 p。S 相信的一切东西的合取将会是一个很长的合取命题，其中一个合取支就是 p。一个简单的逻辑律定理是，合取命题蕴含每一个合取支。因此，如果 S 相信 p、q、r、s 等，那么 S 相信的一切东西的合取就会是一个很长的命题，即"p 并且 q 并且 r 并且 s……"，一看便知，这个合取命题蕴含 p。根据（CT1），无论 p 的内容是什么，无论 p 跟 S 相信的其他东西有多吻合，都可以符合逻辑地推出 S 相信 p 是有证成的。因此，根据这种理论，例子 4.9 中哈里的信念和例子 4.10 中斯托姆的信念都是有证成的。但这却是融贯论应该避免的结果。融贯论者需要某种比（CT1）更好的理论。

在尝试发展出一种更好版本的融贯论时，记住如下这一点很重要：为了便于论证，假定我们对融贯的信念系统的意思有了相当清晰的理解。我们可以使用这个观念构想出如下建议：

> CT2. S 对 p 的相信是有证成的，当且仅当 S 的信念系统是融贯一致的，并且其中包括了信念 p。

（CT2）背后的观念是，有证成的信念是融贯的信念系统的组成部分，并且没有证成的信念是不融贯的信念系统的组成部分。鉴于一个关于融贯是什么的相当清晰的观念，（CT2）会是一个相当清晰的建议。

然而，（CT2）一点儿都不合理。拥有融贯的信念系统，这或许是一件好事。但我们很少有人设法达到这一点。我们所有人都会犯错，我们会陷入一厢情愿，我们未能意识到我们信念的结果。就所有的现实情形而言，都有某些信念使我们的信念系统至少在某种程度上是不融贯的。依照（CT2），如果这是真的，那么我们无人能有证成地相信任何事情。考虑你的信念：你存在。即便你在其他事情上犯有一些很大的错误，但你对这个信念的相信却是某种有证成的东西。根据（CT2），这个信念是有证成的，仅当你确实相信你存在，并且你的信念系统是融贯一致的。正如我们已注意到的，就你的信念而言，如果你跟正常人相似，那么你的信念系统就是不融贯的。因此，根据（CT2），你的你存在的信念是没有证成的。

（CT2）的问题可以用更加一般化的方式来表述。（CT2）说，一个融贯的信念系统中的全部信念都是有证成的，而且一个不融贯的信念系统中的全部信念都是没有证成的。任何一个人的信念系统要么是融贯的，要么是不融贯的。因此，这个理论意味着：对每个人而言，要么他或她的全部信念都是有证成的，要么他或她的全部信念都是没有证成的。因为实际上任何一个真实的人都没有一个融贯的信念系统，所以这个理论意味着：没有任何一个真实的人拥有任何有证成的信念。然而，真实情况是，我们每个人都没有如此极端。我们每个人都有一些有证成的信念，也有一些没有证成的信念。（CT2）不能解释这个简单事实。一种成功版本的融贯论必须比（CT2）更具有适应性。

一个信念的证成程度取决于相信者整个信念系统的融贯水平，这个说 64 法是没有什么帮助的。假设你的信念系统整体上是适度融贯的。目前的这个建议会产生一个结果：你的全部信念都有适度满意的证成。这未能将你的有满意证成的信念跟你的那些胡乱猜测区分开。

因此，很显然，融贯论者对（QC1）和（QC2）需要有新的、更好的回答。融贯论的构想必须以某种方式使某些信念是有证成的，使某些信念是没有证成的。

（二）一种形式的融贯论

无论融贯恰好是什么，它都是一个信念系统可能或多或少地具有的一种性质。一个信念系统可能比另一个更融贯。哲学家们已提出各种增加或减损融贯性的东西。[16]这些观念通过如下这种方式最容易得到理解：考虑一些大致相同的信念系统，这些信念系统只在被用来突出那些影响融贯性的因素方面略有差异。比如，假设两个人都相信大量的命题：p、q、r，等等。让我们假设这两个人相信的这些命题之间没有逻辑上的冲突。即是说，他们的全部信念都为真，这至少是可能的。然后假设其中一人形成了p为假的信念，这个人只是把这个信念添加到了他的信念系统中。现在他的信念系统有了一个矛盾。这个系统同时包含了 p 和非 p。但不可能这两个命题都是真的。此时，这个系统包含了不一致的因素。这会使它具有更少的融贯性。不一致的因素不必像刚才描述的那样明显。一个人可能相信好几个命题，但未意识到它们意味着他所相信的另一个命题之否定。这个信念系统也是不一致的，尽管不一致的因素不那么显眼。在任何情形中，不一致的因素都会减损融贯性。

增加一个系统之融贯性的一种东西，就是这个系统包含着可以用以解释系统中其他信念的信念。假设园丁 1 号相信他园中的全部植物都枯萎了，并且相信已经很久没下雨了。假设园丁 2 号也相信这些事情，并且还相信，植物长期一点儿水都得不到就会枯萎。（或许园丁 2 号还相信，下雨会给植物提供水。）园丁 2 号拥有一个更丰富、更完善的信念系统。丰富性部分来自它将在园丁 1 号信念系统中彼此孤立的那些信念联系在一起了。拥有这些种类的联系通常被认为会增加一个信念系统的融贯性。

或许个人拥有的信念跟其一般原则相冲突，这也会减损一个人信念系统的融贯值。

我们会说，像这样的一些因素决定了一个信念系统的融贯值。这并不是对融贯值的完整解释，但它确实为这种观念提供了一些解释。融贯论者**65** 可以用信念系统之融贯值来构想一种形式的融贯论，以便避开前一节所谈及的那些初始的困难。[17]我们可以以如下方式来表述这个理论：

> CT3. S 对 p 的相信是有证成的，当且仅当，每当 S 的信念系统包含信念 p 时，这个系统的融贯值就会比它没有包含信念 p 时的融贯值大。

（CT3）想要表达的含义可通过考虑如下两种情形来阐明：一种情形是，某人已经相信某个命题；另一种情形是，某人没有相信它。如果这个人确实相信那个命题，那么其信念系统实际具有的融贯值就可以跟将那个信念去掉后系统所具有的融贯值进行比较。如果去掉那个信念会减损这个系统的融贯值，那么相信那个命题就是有证成的。如果这个人还没有相信那个命题，那么实际系统的融贯值就可以跟将那个信念添加进去后系统将会具有的融贯值进行比较。（CT3）会说，当包含那个信念的系统比不包含那个信念的系统具有更高的融贯值时，那个信念就是有证成的。根据（CT3），我们会说，当一个信念会提升一个信念系统的融贯值时，这个信念就跟这个系统融贯一致。因此，（CT3）保留了如下观念：当一个信念跟一个人的信念系统融贯一致时，它就是有证成的。

（CT3）可以相当好地处理例子 4.9 和例子 4.10。在例子 4.9 中，哈里对有效的疗法拥有一个普遍信念，还有一个关于美乐生发素的具体信念，这两个信念不能很好地吻合。直觉上讲，关于美乐生发素的那个信念是一个坏信念。我们可以合理地认为，如果去掉这个信念，哈里的信念系统会更融贯。因此，（CT3）产生了一个正确的结论，即关于美乐生发素的那个信念是没有证成的。在例子 4.10 中，斯托姆拥有一个跟他的其他信念没有联系的信念。因此，或许他的信念系统会因去掉这个信念而增加融贯性。（CT3）似乎又对这个例子产生了正确的结果。

然而，对（CT3）而言，还有一些恼人的细节需要解决。再考虑一下例子 4.9 中的哈里。哈里拥有一个没有证成的信念（6），即美乐生发素能治愈秃头。直觉上讲，我们判断说，如果去掉这个信念，哈里的信念系统会更融贯。（CT3）可通过考察如下情况来评价证成：如果单将这个信念去掉，他的信念系统的融贯值会发生什么变化。这面临的问题是，哈里可能很好地相信许多其他命题，这些命题以至关重要的方式跟（6）联系在一起。比如，假如哈里刚购买了一些美乐生发素，那么他可能相信：

　　7. 我刚购买了一些治疗秃头的东西。

假如单将（6）去掉，然后看哈里的信念系统会发生什么，如果以此来评价（6）的证成，那么我们就是要评价在哈里继续相信（7）而停止相信（6）时哈里的信念系统的融贯值。他还可能相信许多其他跟（6）联系紧密的命题。比如，他可能相信：

　　8. 美乐生发素能治愈秃头，喷漆却不能治愈秃头。

假如他继续相信（7）和（8）之类的东西，但去掉（6），他的信念 *66* 系统可能会失去融贯性。由于（6）跟其他信念联系紧密，所以单去掉（6）可能会减损哈里的信念系统的融贯性，尽管哈里对（6）的相信是没有证成的。因此，尚不清楚（CT3）能否正确处理这个例子。任何一个信念，甚至是一个没有证成的信念，都仍然可以跟许多其他信念有逻辑联系，这个事实会给融贯论者提出一个难题。尚不清楚可以如何修改融贯论以便避免这个问题。

（CT3）的支持者还必须面对另一个难题。考虑哈里的有证成的信念（P），这个命题说：一种医学治疗是有效的，仅当有好的临床证据表明它是有效的，但没有好的临床证据表明美乐生发素（对治疗秃头）是有效的。融贯论者说，假如哈里从他的信念系统中去掉（6），那么他的信念系统就会更融贯。忽略刚才讨论过的那个问题，并假设这是真的。然而，通过从他的信念系统中去掉（P），他可增加一些融贯性，这也是真的。这是因为（P）会为他的信念系统所展示的不融贯性出力。因此，（CT3）意味着他对这个原则的相信也是没有证成的。一般来说，当一个人当下的信念系统因两个彼此冲突的信念而不融贯时，去掉这两个信念中的任何一个都会增加系统的融贯性。这个理论似乎意味着这两个信念都是没有证成的。然而，正如例子4.9所表明的，这不必是事实。一种更好形式的融贯论会以某种方式允许彼此冲突的信念中有一个有获得证成的可能性，或者允许彼此冲突的两组信念中有一组有获得证成的可能性。或许融贯论者能想到某种方式来处理这个问题。

刚才讨论的两个问题确实不能说明融贯论是错误的。它们只是表明存在一些需要融贯论者解决的难题。或许他们可以通过以更好的方式指明那个信念系统来解决它们，那个信念系统是一个信念为了获得证成而必须与之融贯一致的系统。比如，在有些例子中，一种重要的特征就是，持有某个信念更多是出于一厢情愿的想法，而不是出于追求真理的努力。融贯论者可以用与导向真理的子系统融贯一致来界定证成。[18]或许某种这样的解释会避免到目前为止所考虑的那些问题。

融贯论还会面临另一些意在深入这个理论之核心的反驳。一些批评者认为融贯论的核心观念是错误的。他们论证说，证成完全不是一个人的信念如何结合在一起的问题。接下来，我们会讨论两个试图充分利用这个意思的反驳意见。

（三）对融贯论的反驳

反驳1. 多系统反驳

下面的陈述通常被用来反驳融贯论：

> 根据关于经验证成的一种融贯论……构成经验知识的信念系统仅仅由于内在的融贯性而获得知识论上的证成。但这种理论诉诸融贯性，甚至永远无法开始挑选某个唯一有证成的信念系统，因为，就任

何合理的融贯概念而言，总是有许多或许无限多各不相同而且不相容的信念系统，它们都同样地融贯一致。[19]

这里有一种方式来阐明这个反驳。[20]考虑一下亚伯拉罕·林肯遇刺身亡这 *67*个命题。如果像反驳者所主张的那样，有许多各不相同而且不相容的融贯的信念系统，那么就会有某些系统包含这个命题，而另一些系统包含这个命题的否定命题。如果这个信念是我们实际的信念系统的一部分，那么你可以想象一个信念系统，将支持这个信念的和由它而推出的所有东西都用另外的命题替换掉。通过小心地建构这个新系统，你可以得到一个和你当下的系统一样融贯的信念系统，但它包含了林肯没有遇刺身亡这个命题。因此，假如存在所有这些不同的融贯系统，那么你就可以通过仅仅是适当地挑选你的信念的其余部分而使你想要的任何信念获得证成。这不可能是正确的。下面是这个论证的正式表述：

论证 4.3　多系统论证

3-1. 如果（CT）为真，那么一个信念是有证成的，当且仅当它与相信者的信念系统融贯一致。

3-2. 通过适当调整信念系统的其余部分以使其适合某个所选信念，一个人就可以使其挑选的任何信念跟他的信念系统融贯一致。

3-3. 如果（CT）为真，那么一个人就可以通过适当调整他的其余信念而使其挑选的任何信念获得证成。（3-1），（3-2）

3-4. 但是，通过适当调整一个人的其余信念，这个人就可以使其挑选的任何信念获得证成，这不是真的。

3-5. （CT）不是真的。（3-3），（3-4）

我们有很强的理由怀疑这是对融贯论的一个好的反驳。[21]一个问题是，(3-2)是错误的。人们对自己的信念根本没有那么大的控制力。但这不是这个论证的主要问题。

再考虑本小节开始时谈到的对林肯的信念。融贯论者不会得出如下这样荒谬的结论：你已经有证成地相信林肯遇刺身亡和林肯没有遇刺身亡。

他们也不承认这样的观念：你有能力调整自己的信念，从而围绕这两个选项中的任何一个建立起某个融贯系统。融贯论者并未陷入我们可以随意形成信念这一难以置信的主张。但他们承认这样的观念，即有人可以拥有林肯遇刺身亡的信念，并且这个信念可以跟他的信念系统融贯一致，因而这个信念可以是有证成的。他们也承认这样的结论，即一个人可以拥有林肯没有遇刺身亡的信念，这个信念也可以跟他可能拥有的另一个信念系统融贯一致，因而这个信念也可以是有证成的。然而，这结论绝非错的，它似乎完全正确。在多个可选择的信念系统中，彼此冲突的信念都可以是有证成的。拥有不同经验和知晓不同事情的人们，可能有证成地相信非常不同的事情。可能有些人被传授了一些不正常的事情，因而拥有林肯没有遇刺身亡这个有证成的信念。这里对融贯论没有什么好的反驳。

68　　　　多系统反驳应该是产生了这样一种观念，即融贯论陷入了这样的结果：多个可选择的信念系统都可以是有证成的，而在它们之间进行选择却没有融贯论上的理由。然而，这种结果有可能并非难以令人置信。在完全不同的环境中，人们确实可以拥有非常不同而各自完全融贯并有恰当证成的信念系统。比如，生活在中世纪的某个人可能拥有完全融贯而且完全有证成的一套信念，这套信念与现代人对应的那套完全融贯而且完全有证成的信念是彻底不同的。因此，对融贯论的这个反驳背后的观念是错误的。[22]

反驳 2. 孤立反驳

正如我们已看到的，融贯论的核心观念是：一个信念是否有证成，只取决于相信者的其他信念。如果只有信念才能提供证成，那么经验似乎就不重要。但这是不正确的。考虑例子 4.1，在这个例子中哈斯蒂仅仅出于一般性地讨厌菲尔切尔而相信菲尔切尔有罪。假如只有哈斯蒂的其他信念是要紧的，那么根据融贯论，如果他不但相信菲尔切尔有罪，而且相信有关菲尔切尔的一个更大的故事，那么这个信念就会是有证成的。与此类似，在例子 4.10 中，斯托姆听到树枝砸到一辆车的声音。假定他的主观臆断使他添加了一些大意如下的信念：嘎吱响的声音只有那辆破车才会发出，那辆破车正好在树枝下方，等等。除非有能证成另外一些信念的某种东西输入斯托姆的信念系统，否则他的这些信念就是没有证成的。仅仅虚构更多的吹牛大话并不增加证成。他必须以某种方式解释"经验数据"。融贯论似乎忽略了这一点。

　　另一些例子可以使这一点更清晰，尽管它们涉及的那些事情给人一种不真实的感觉。在这些例子中，某人的信念跟现实脱节，因为它们跟他在世界上的经验没有联系。请看下面的例子：

　　例子4.11　麦吉克·费尔德曼的奇异事情

　　麦吉克·费尔德曼教授是一位相当矮的哲学教授，他对篮球有着浓厚的兴趣。麦吉克·约翰逊是一位杰出的职业篮球运动员。在打比赛时，我们可以假定约翰逊拥有一个完全融贯的信念系统。麦吉克·费尔德曼是教授和篮球运动员的结合，尽管这是一个很不寻常的角色，但却是有可能的。费尔德曼有着非凡的想象力，以至于他在教授哲学课的时候认为自己在打篮球。事实上，他拥有跟约翰逊完全一样的信念。因为约翰逊的信念系统是融贯的，所以费尔德曼的信念系统也是融贯的。

根据融贯论，费尔德曼的信念是有证成的，因为它们形成了一个融贯系统。然而，他的信念完全脱离了现实。这不仅仅是错误的。更糟糕的是，它们甚至没有考虑到他自身经验的本性。他的经验，即他的所见和所感，是一个教师的经验。他的信念是一个处于完全不同的境况中的人的那些信念。它们绝非有证成的，而是一种荒唐的幻想。

　　基于这个例子的论证可以被阐释如下：

69

　　论证4.4　孤立论证

　　4-1. 如果（CT）为真，那么在所有可能的情况下，一个信念是有证成的，当且仅当它与相信者的信念系统融贯一致。（融贯论的定义）

　　4-2. 费尔德曼的信念系统＝约翰逊的信念系统。（例子的假设）

　　4-3. 约翰逊的他正在打篮球的信念与他的信念系统融贯一致。（例子的假设）

　　4-4. 费尔德曼的他正在打篮球的信念与他的信念系统融贯一致。（4-2），（4-3）

4-5. 如果（CT）为真，那么费尔德曼的他正在打篮球的信念就是有证成的。(4-1)，(4-4)

4-6. 但费尔德曼的信念是没有证成的。(例子的假设)

4-7. （CT）不是真的。(4-5)，(4-6)

还有另一种方式来阐明同样的看法。如果只有其他信念才能证成某个信念，那么，既然费尔德曼和约翰逊拥有同样的信念，约翰逊就没有任何可证成他的信念而费尔德曼却缺乏的东西。因此，约翰逊不可能有比费尔德曼更好的证成。但约翰逊却有。对此，其理由是，什么东西是有证成的，其部分决定性因素是一个人的经验特征。

融贯论者可能回答说，麦吉克·费尔德曼的奇异事情是不可能的。必须承认，这个例子很不寻常。然而，它仍足以说明关于融贯论的一个重要观点：从融贯论对证成的解释来看，它忽略了某种似乎绝对重要的东西，即一个人的经验。而且，批评者也无须诉诸像麦吉克·费尔德曼的奇异事情这样怪异的例子来证明这一点。

例子 4.12　心理学实验

莱夫特和赖特在参加一个心理学实验。他们是极其相似的人，有着完全相同的相关背景信念。在这个实验中，他们在显示屏上看到一个图像，然后形成关于自己看到的东西的信念。他们被告知，他们将在显示屏上看到两根线条，然后要形成哪根线条更长的信念。他们两个都被诱导相信右边那根线条会更长。然后线条出现在显示屏上，并且他们都相信右边那根线条更长。然而，预期发挥了作用。对他们中的一个人来说，即对莱夫特来说，实际上是左边那根线条更长，而且看起来也是如此。莱夫特完全忽略了他的经验的特征，并完全基于他被诱使相信的东西而形成他的信念。

批评者声称，线条看起来如何跟什么东西对莱夫特是有证成的有某种关系。莱夫特认为右边那根线条更长，但没有注意到那根线条实际上看起来是怎样的，尽管这个信息就在他的心灵里。融贯论意味着，他相信右边那根线条更长，这是有证成的，因为他之前的一些信念支持这个信念，而且没有其他信念来否决它。莱夫特确实拥有经验证据，即那根线条看起来的样子，这个证据对他的那个信念不利。融贯论不适当地忽略了这一点。它说，只有莱夫特相信的东西是重要的。它对这个更实际的例子给出了不正确的解释。

融贯论的一些捍卫者可能回答说，一个人的信念必须符合他的经验。倘若如此，那么例子4.11和例子4.12就是不可能的。然而，如果这是事实，那么结果就是，基础主义的一个核心要素就是正确的——这些关于经验的信念在某种意义上似乎是"不可错的"或"不可纠正的"——我们对它们必须是正确的。因此，倘若你基于这些理由来抵制这个反对融贯论的论证，那么你就似乎在诉诸一种基础主义的观念。

这意味着，重新考虑基础主义以便努力提出一种避免笛卡尔式基础主义之困难的版本，这会是一个好主意。

（四）关于融贯论的结论

1. 融贯论的主要观念可由两个典型的融贯论主张给出：

> C1. 只有信念才能证成其他信念。除了信念之外，没有任何东西能导致证成。
>
> C2. 每个有证成的信念都部分地依赖于其他信念而获得证成。（不存在有证成的基础信念。）

2. 我们仍未找到合适的方式来阐述融贯论者的理论。融贯论者面临的一些问题如下：（a）要合理地区分被刻画为有证成的一些实际信念和被刻画为没有证成的另一些实际信念；（b）要说清楚融贯实际上是什么。

3. 许多批评者认为（C1）已被孤立论证驳倒。孤立论证表明经验对证成很重要。

五、温和基础主义

（一）主要观念

回想一下，基础主义必须回答这样一些问题：

QF1. 我们有证成的基础信念是关于哪些种类的事物的？哪些信念是有证成且基础的？

QF2. 这些基础信念怎样是有证成的？如果它们不是因其他信念而有证成，那它们如何获得证成？

QF3. 为了获得证成，非基础信念跟基础信念之间必须有何种联系？

71　　近年来，哲学家们发展出一些能避免笛卡尔式基础主义所遇之困难的基础主义版本。[23]这些当代版本的基础主义经常被称作温和基础主义，它们通常主张：基础信念是关于外部世界的日常知觉信念，这些信念可在未免除错误的情况下得到证成，非基础信念如果获得基础信念的良好支持就可以是有证成的，而无须可以从基础信念中演绎出来。因此，温和基础主义加于有证成的信念之上的条件比笛卡尔式基础主义所加之条件要低或者更适中。

　　温和基础主义的观念如下：当人们行走于世时，他们受到感官刺激的惯常轰击。人们形成信念，通常不是关于这些刺激之内在结果的信念，而是关于他们之外的世界的信念。他们相信灯是亮着的，桌子上有本书，如此等等。温和基础主义者把这些当作有证成的基础信念。他们不是说，关于这些事情我们不可能搞错。不过，他们认为这样的信念通常有很好的证成。最后，他们说，这些有证成的基础信念可以为另外一些关于世界的信念提供证成的理由，即便这另外一些信念不能从基础信念中演绎出来。

　　所有这些似乎完全合理，但当我们试图阐明其细节时，难题就产生了。对此，我们接下来开始讨论。

（二）温和基础主义的版本

　　温和基础主义者认为，我们的基础信念通常是关于我们外部世界的信念，关于我们看到或其他感官感知到的事物的信念。我们通常自动地形成这些信念，而没有任何有意识的推理或思虑。你走进一个房间，可能立即就相信灯是亮着的，棕色的桌子前面有一把蓝色的椅子，如此等等。温和基础主义者认为，这样的一些信念是基础性的，而且通常是有证成的。但这并不意味着你对这样的一些事情永不会搞错，也不意味着像这样的所有信念都是有证成的。[24]温和基础主义者关于这些问题的一些看法的细节，会在讨论他们对（QF1）和（QF2）的回答时呈现出来。在考察他们理论的这部分内容之前，考虑一下他们如何回答（QF3）。换句话说，考虑如下问题：根据温和基础主义，我们其余的信念是如何获得证成的？什么东西可替换笛卡尔式基础主义的演绎条件？

再次考虑例子4.1。凯尔佛有很强的理由认为菲尔切尔偷了那幅画。可以用命题（9）来概括这些理由：

> 9. 那幅画在菲尔切尔手里，菲尔切尔的指纹留在了盗窃现场……

虽然（9）可能不只是包含基础性的命题，但根据现在的看法，并不难理解一个相信（9）是如何建立在那些基础性的东西之上的。或许在这个例子中构成凯尔佛的基础信念的观察数据是关于他观察到的那些事物的命题：有如此这般的一种指纹，有人说在案发现场看到了菲尔切尔，如此等等。因此，情形是这样的：

> 基础信念：凯尔佛的观察信念，即在菲尔切尔家里有如此这般面貌的一幅画，在菲尔切尔家里留有某种指纹，如此等等。

他由此推出（9），并由（9）推论出：

> 1. 菲尔切尔偷了那幅画。

在此，命题之间的联系不是演绎。它们似乎包括人们一直都在用的那种好的推理。有时候，像这样的一些推理被称作归纳推理。[25]包含于其中的是你使用的这种推理：当你观察到某种类型中大量的事物都有某种特征，你得出结论说，这种类型的下一个事物也会有这种特征。这被称为枚举归纳。

另一种非演绎推理是最佳解释推理。将凯尔佛从（9）到（1）的推理看作这种类型，这是合理的。鉴于他收集到的事实，有可能是其他人偷了那幅画。然而，任何其他选项都需要一套相当奇怪而且不大可能的巧合或诡计。对这些事实的最佳解释是菲尔切尔偷了那幅画。温和基础主义者认为，当某个特定命题构成对某人有证成的基础信念的最佳解释时，相信这个命题就是有证成的。

因此，温和基础主义对（QF3）的回答可以被概括为如下原则：

> MF3. 当非基础信念从有证成的基础信念中得到强归纳推理（包括枚举归纳和最佳解释推理）的支持时，它们就是有证成的。

对（MF3）的两点澄清是很重要的。请回想一下在本章第一节提到的总体证据条件和基础条件。根据总体证据条件，一个信念是有证成的，仅当它得到一个人的总体证据的支持。对证成而言，只有支持某个命题的证据是不够的，因为这证据有可能被其他证据破坏掉。根据基础条件，一个有证成的信念必须建立在起支持作用的证据的基础之上。如果一个人有好的理由相信某事，但相信这事却是主观臆想或坏的推理的结果，那么作为结果的信念就没有适当的基础。温和基础主义者想要将这两个观念都包括在他们的理论中。因此，他们对非基础信念的看法会有如下这个更好的表述：

> MF3a. 当（a）非基础信念从有证成的基础信念中得到强归纳推理（包括枚举归纳和最佳解释推理）的支持，并且（b）它们没被其他证据推翻时，它们就是有证成的（基础适当的）。[26]

这完成了我们对温和基础主义对（QF3）的回答的解释。对这个回答的适当性提出疑问，这并非没有道理。我们会在本章的后面部分和本书的接下来的章节中讨论这些疑问中的一些疑问。

接下来考虑温和基础主义者会对基础信念说些什么。温和基础主义者认为基础信念具有这样一种特征：它们是自发地或非推论性地形成的。为了明白这里的意思，请对比两种情形，即你形成关于你面前那棵树的判断的两种情形。在一种情形中，设想你对树相当熟悉，当你看到这棵树时，你不假思索地相信这是一棵松树。在这种情形中，你没有进行推论。在另一种情形中，你远不是专家。要弄清楚你正看到的树是哪种树，你需要深思熟虑。你注意到这棵树有细长的针束，你回想起松树的特征是如此，因而得出结论这是一棵松树。在每种情形中，你都从树的外观得到这是一棵松树的信念。然而，在第二种情形中，你经历了有关树叶形状的有意识的推理步骤。但在第一种情形中，你并没有这样做。因此，在第一种情形中，你拥有这是一棵松树这个自发的、非推论性的信念。在第二种情形中，你并不拥有这个自发的信念，尽管你确实拥有如下的自发信念：这棵树有长长的、尖尖的、针状的叶子。根据这些例子进行概括，温和基础主义者可以说，每当一个人形成某个信念时，它都可以追溯到某个自发形成的信念或其他。但这些信念并没有统一的内容。它们可以是关于物体分类的信念，可以是关于物体感官性质（颜色、形状，等等）的信念，也可以是关于人们自身感官经验的信念。这些命题同样也可以作为推理的结果而被相信。

温和基础主义者可以利用自发形成的信念这个观念来建构他们的理论。他们可以说：

> MF1. 基础信念是自发形成的信念。对外部世界的信念，包括对所经验到的对象的种类或它们的感官性质的信念，通常都是有证成的和基础性的。对心灵状态的信念也可以是有证成的和基础性的。
>
> MF2. 自发形成使一个信念是有证成的。

不幸的是，这种简版的温和基础主义极不合理。毫无疑问，并非所有自发形成的信念都是有证成的。当你走进一个房间，看见一张桌子，并自发地形成那里有一张桌子的信念，你的信念并非仅仅因为它是自发形成的而获得证成。至关重要的是，这个信念在某种意义上是对知觉刺激的恰当反应。有些自发形成的信念并非如此。假定你盼望一个朋友来你家拜访，尽管没有特别好的理由认为她会来。你听到一辆车正驶进你所在的街道，你就自发地形成你的朋友已到的信念。在这种情形中，你有一个自发形成的信念，但它是一个没有适当基础的信念。事情甚至会更糟。你可能有很强的证据反对你自发形成的信念：或许你有理由认为你的朋友不在城里。在这种情形中，你自发形成的信念根本就没有证成。我们很容易想到证明这一点的其他例子。

这些考虑表明，温和基础主义必须用更好的原则来替换（MF2）。这里有一种方式可以修正这个理论。不是说所有自发形成的信念都是有证成的，温和基础主义者可能说，如果一个人没有证据反对自发形成的信念，那么它们就是有证成的。正如有人所说，自发形成的信念"在被证明有罪之前是无辜的"。

> MF2a. 所有自发形成的信念都是有证成的，除非它们被相信者拥有的其他证据所推翻。

这里的观念是，如果一个人没有基于任何推理而自发地形成了一个信念，那么当这个人没有推翻这个信念的理由时，这个信念就是有证成的。

（MF2a）没有考虑到我们讨论过的一些例子所表明的一个事实。当自发形成的信念是有证成的时候，它们以一种重要的方式跟经验联系在一起，尽管这种联系方式很难描述。你走进一个房间，看到一张桌子，并形成了那里有一张桌子的信念，使你的信念有证成的，不只是这样的一个事实，即这个信念是自发形成的，甚至不只是如下两个事实的结合：它是自发形成的，你没有那里有一张桌子的相反证据。（假定：关于那里是否有一张桌子，你没有这样或那样的其他证据。）核心的东西似乎是，你的信念是对你所拥有的知觉刺激的恰当反应。鉴于这种经验，相信那件事是很合适的。相信某种跟那经验完全不符的东西，比如相信那房间里有一头大象，就不是对那经验的一种恰当反应。相信某种超出经验所显露的东西，比如相信那有一张刚好用了 12 年的桌子，也不是对那经验的一种恰当反应。

一种改良得更好的温和基础主义会利用对经验做出恰当反应的观念。对一种经验做出恰当反应就是相信那种经验本身所表明的存在物。因此，完美幻觉的受骗者会通过相信看似为真的东西而对经验做出恰当反应，尽管受骗者相信的东西不是真的。但当人们过度解读或曲解他们的经验时，人们就没有做出恰当反应。因此，温和基础主义者可以说：

> MF2b. 如果一个自发形成的信念是对经验的恰当反应，并且未被相信者拥有的其他证据所推翻，那么它就是有证成的。

75　　另外一些例子可澄清这个观念。请比较观察野鸟的一个专家和一个新手一同在森林里走，寻找罕见的粉斑鸫。一只鸟飞过，每个人都自发地形成了那里有一只粉斑鹬的信念。这个专家知道这是真的，但那个新手却是出于兴奋的贸然断定。这个专家拥有一个基础适当的信念，但那个新手却不拥有。在同样的场景中，关于他们所看到的那只鸟的颜色、形状和大小，专家和新手可能都拥有基础适当的信念。这表示如下两种特征有某种相关的区别：一种是带有粉斑的灰色和大约 0.1 米长之类的特征，另一种是一只粉斑鹬之类的特征。人们可能说，前一种特征比后一种特征"更接近经验"。任何有正常视力的人都能在经验中识别出前一种特征，但对后一种特征却并非如此。

关于何时信念是恰当地基于经验的，这暗示出了两个因素。首先，当信念的内容更接近经验的直接内容时，它们更易于是恰当地建立在基础之上的。其次，温和基础主义者可以说，训练和经历会影响什么东西算作对经验的恰当反应。这个专家的训练会使她的反应是恰当的。要使那些更加远离经验的信念恰当地建立在经验的基础上，这种训练就是必需的。因此，温和基础主义可以被刻画为如下一些原则：

> MF1. 基础信念是自发形成的信念。对外部世界的信念，包括对所经验到的对象的种类或它们的感官性质的信念，通常都是有证成的和基础性的。对心灵状态的信念也可以是有证成的和基础性的。

> MF2b. 如果一个自发形成的信念是对经验的恰当反应，并且未被相信者拥有的其他证据所推翻，那么它就是有证成的。

> MF3. 当非基础信念从有证成的基础信念中得到强归纳推理（包括枚举归纳和最佳解释推理）的支持时，它们就是有证成的。

（三）对温和基础主义的反驳

温和基础主义是一种有吸引力的理论。它面临的核心问题涉及一个信念恰当地基于经验的观念。

反驳 1. 没有什么东西是基础性的

在一本受到广泛讨论的书中，劳伦斯·邦久（Laurence BonJour）对存在有证成的基础信念的观念提出了一个一般性反驳。他阐述其论证的一种方式如下：

> ……在知识概念的整个理论基础中，认知证成这个要求所起的根本作用是作为达到真理的手段；……因此，如果基础信念要为经验知识提供一个牢固的基础……那么一个信念由之而取得基础信念资格的那种特征，无论它可能是什么，都必须是认为这个信念为真的一个好的理由。……如果我们用 Φ 代表这种特征或特性，无论将基础的经验信念与其他经验信念区分开的东西可能是什么，那么在一种可接受的基础主义解释中，一个特定的经验信念 B 有资格作为基础信念，仅当如下证成论证的前提是有充分证成的：
>
> （1）B 有特征 Φ。
>
> （2）有特征 Φ 的信念非常可能为真。
>
> 因此，B 非常可能为真。
>
> ……但如果这些都是正确的，那么我们就得出了一个令人不安的结论，即 B 根本就不是基础性的，因为它的证成至少依赖于另一个经验信念［即（2）］。[27]

76

邦久的观念既简单又重要。证成应该指示真理。如果某种特征使一个信念是有证成的，那么相信者就必须是有证成地相信这种特征是真理的指示物。如果这个人对此缺乏证成，那么其信念就没有证成。但如果这个人拥有此种证成，那么此种证成就是支持那个信念的一个论证的一部分，因而那个信念根本就不是基础信念。因此，没有信念可以是基础性的而且是有证成的。基础主义不可能是正确的。

把邦久认为一个人对所谓基础信念必须有的那种论证称为支持基础信念的"真理指示特征（Truth Indicative Feature，简称 TIF）"论证。TIF 论证是一种表明信念来自某种指示其真理性的因素的论证。比如，假定汤姆基于雷所说的事实而相信关于修车的某件事情。根据邦久的想法，汤姆对这个命题的信念是有证成的，仅当汤姆有一个支持这个信念的 TIF 论证。这样的一个论证可能说，汤姆的信念是以雷告诉他的事实为基础的，而且雷在这种事情上通常是正确的。同样，如果某人拥有一个以知觉或内省为基础的信念，那么这个信念是有证成的，仅当这个人是有证成地相信：知觉或内省通常不会把事情搞错。

邦久反对基础主义的一般论证可做如下阐释：

> 论证 4.5 邦久的 TIF 论证
>
> 5-1. 对于 S 相信的任何一个命题 p，要么 S 有一个支持它的 TIF 论证，要么 S 没有。
>
> 5-2. 如果 S 有一个支持它的 TIF 论证，那么 S 的信念 p 就得到了这个论证的支撑，因而不是一个有证成的基础信念。
>
> 5-3. 如果 S 没有支持它的 TIF 论证，那么 S 的信念 p 就是没有证成的，因而不是一个有证成的基础信念。
>
> ―――――――――――――――――――――――――――――――
>
> 5-4. S 的信念 p 不是一个有证成的基础信念。（5-1），（5-2），（5-3）

如果（5-4）为真，那么就不存在有证成的基础信念，因而任何形式的基础主义都不可能是正确的。

邦久的论证既有趣又复杂。理解温和基础主义对这个论证的回应对于理解温和基础主义本身也是很重要的。温和基础主义的核心观念是，使得有证成的基础信念是有证成的，不是内省或知觉的总体可靠性。相反，温和基础主义认为，经验与在此至关重要的信念之间有某种更直接的联系。温和基础主义的观点是，至少在惯常情形中，当你清楚地看见一个亮红色的物体时，你的经验本身证成了你正看到一个红色的东西这个信念。这个信念是对经验的恰当反应。对证成而言，关于你的知觉系统之可靠性的信念完全没有必要。当然，我们大多数人都有关于我们知觉系统之可靠性的信念，但温和基础主义的观点是，这些信念对于证成是不必要的。同样，如果你感到暖和，你认为你感到暖和，那么你的理由正是你的暖和感（经验）。你无须知道经验是支持信念的好的理由，也无须知道你感到暖和的信念是有证成的。然而，你可以知道（并有证成地相信）你感到暖和。因此，温和基础主义的看法是，经验本身可以是证据。你可能足以当一个知识学家，能够提出某个 TIF 论证来支持已有这种经验证据支持的信念，但这个 TIF 论证是额外的证成。就你的信念要获得证成而言，你无须这个论证。

这些考虑表明邦久论证中的（5-2）和（5-3）都是错误的。因为经验可直接证成一个信念，无须相信者对它有一个 TIF 论证，所以（5-3）是错误的。即便这个人对它确实有一个 TIF 论证，这个信念可能还是直接由经验而获得证成的，并仍是一个有证成的基础信念。实际上，TIF 论证是多余的。因此，（5-2）是错误的。

反驳 2. 对经验的恰当反应？

对温和基础主义的第二个反驳更多是一种澄清的要求，而非试图驳倒它。温和基础主义者可以说，某些信念是恰当地建立在经验基础上的，而有些则不是，或许这有某种合理性。究竟为何事情是像温和基础主义者所说的那样？对此，最好有一种更系统、更全面的理解。房间里有一张桌子的信念是恰当地建立在经验的基础上的，但房间里有一张用了 84 年的桌子的信念却不是恰当地建立在经验的基础上的，究竟为何如此？还可以考虑某人看到一个呈现得很清晰的三角形物体的情形。这个人有证成地相信那里有一个三角形的物体，而且对这个命题的信念可以是恰当地建立在经验的基础上的。与此形成对照的是，一个人看见一个呈现得很清晰的 44 边物体就在他前面。但对他而言，有一个 44 边物体，这个命题不是有证成的，并且对这个命题的信念也不是恰当地建立在经验之上的。但这些情形有什么不同？[28] 哪些信念是恰当地建立在经验之上的，哪些信念不是，这由什么东西来决定？

这些都是有关温和基础主义的好问题。许多哲学家都认为，这些问题一定有某种好的解答，因为，关于桌子和三角形物体的信念是由经验证成的，关于用了 84 年的桌子和有 44 边物体的信念却不是由经验证成的，这是很清楚的。然而，很难确切地知道如何能构想出一个一般性回答。我们将在第五章看到，哲学家们对于这些问题可能会给出某种答案，这些哲学家以一种重要的方式背离了证据主义理论。在第七章，我们将看到：关于什么是恰当地基于经验而形成信念，温和基础主义的主张会遭遇怀疑主义者提出的一个更为普遍的问题。我们还会在第七章重新考虑温和基础主义观点的合理性。

（四）关于温和基础主义的结论

温和基础主义是一种有吸引力的理论。关于它的核心结论如下：

1. 因允许有证成的基础信念与有证成的非基础信念之间有非演绎的联系，温和基础主义者能够避免笛卡尔式基础主义似乎会遭遇的后果，即几乎没有关于外部世界的信念是有证成的。

2. 因同意我们在基础信念的主题上无须是不可错的，温和基础主义者能够避免有证成的基础信念太少的后果。

3. 因同意基础信念可以是关于外部世界的信念，而非局限于对某人自身内在状态的信念，温和基础主义者比笛卡尔式基础主义者有更好的机会为我们关于世界的知识找到足够广泛的基础。

4. 因要求基础信念要跟经验恰当地联系起来，温和基础主义者避免了毁坏融贯论的孤立反驳。

5. 关于在什么条件下一个信念才是恰当地建立在经验基础上的，最好有一种更完善的解释。

注　释

［1］ 在问这个问题时，我们将注意力转到了第一章提出的（Q2）。

［2］ W. K. Clifford. The Ethics of Belief. 重印于文献：Clifford. Lectures and Essays. London：MacMillan，1879。最初发表于 Contemporary Review（1877）。

［3］ W. K. Clifford. The Ethics of Belief //Clifford. Lectures and Essays. London：MacMillan，1879：183.

［4］ Ibid., p. 180.

［5］ 一个常见的论点是，只有意愿行为才是道德评价的适当对象。信念是否通常（甚至始终）是一种意愿活动，这并不清楚。因此，对于信念是否通常（甚至始终）是道德评价的适当对象，有一些疑问。如果它不是，那么对克利福德论题就有了进一步的反驳。粗略地说，这种主张是，基于不充分的证据而相信不是道德上的错，因为相信不是一种意愿行为。

［6］ 对此，还有一些细节需要解决。一个人有可能没有基于他的其他所有信念而相信任何东西。因此，条件（ii）的想法是，此人将他的信念奠基于确实支持这个信念的那部分证据之上。条件（i）要求总体证据

条件得到满足。关于这一点的进一步讨论和关于证据主义的一般讨论，参见：Earl Conee, Richard Feldman. Evidentialism. Oxford University Press，即将出版。

［7］人们可能认为，即便他未考虑的这个证据确实支持他的信念，他的信念也是没有证成的。更一般地说，人们可能认为，"而这另外的证据不支持 p"这个条件可从（GEP）中去掉。后面的讨论也同样适用于这个修改版的（GEP）。

［8］在对证据主义的这个反驳的回答中，我们也讨论了第一章提出的（Q3）。

［9］笛卡尔的著作中受到最广泛阅读的或许是《第一哲学沉思集》（*Meditations*）。它重印于：The Philosophical Works of Descartes. Trans. Elizabeth S. Haldane，G. R. T. Ross. Cambridge, UK：Cambridge University Press，1973。

［10］Descartes. Meditation VI// The Philosophical Works of Descartes. Trans. Elizabeth S. Haldane，G. R. T. Ross. Cambridge, UK：Cambridge University Press，1973：185-199.

［11］凯斯·雷尔在如下著作中提出了一个类似的例子：Keith Lehrer. Knowledge. Oxford：Oxford University Press，1974：96。下面的著作讨论了这个例子：Louis Pojman. The Theory of Knowledge：Classical and Contemporary Readings. 2nd ed. Belmont, CA：Wadsworth，1999：187。

［12］有关于此的讨论，参见：Timothy McGrew. A Defense of Classical Foundationalism// Louis Pojman. The Theory of Knowledge：Classical and Contemporary Readings. 2nd ed. Belmont, CA：Wadsworth，1999：224-235。

［13］参见：Keith Lehrer. Knowledge. Oxford：Oxford University Press，1974：97-99。

［14］Timothy McGrew. A Defense of Classical Foundationalism// Louis Pojman. The Theory of Knowledge：Classical and Contemporary Readings. 2nd ed. Belmont, CA：Wadsworth，1999：230.

［15］我们将在本章的第五节"温和基础主义"考察一个支持这个主张的论证。

［16］对这一点的讨论，参见：Keith Lehrer. Knowledge. Oxford：Oxford University Press，1974：chapters 7-9；Laurence BonJour. The Structure of Empirical Knowledge. Cambridge，MA：Harvard University Press，1985：chapters 5-8。

［17］沿着这些思路而建议的一个理论，参见：Jonathan Dancy. An Introduction to Contemporary Epistemology. Oxford：Blackwell，1985。

［18］参见：Keith Lehrer. Reply to My Critics// John Bender, ed. The Current State of the Coherence Theory. Dordrecht：Kluwer，1989。

［19］Laurence BonJour. The Structure of Empirical Knowledge. Cambridge，MA：Harvard University Press，1985：107.

［20］最近对这个反驳的另一种陈述，参见：Louis Pojman. What Can We Know?. 2nd ed. Belmont，CA：Wadsworth，2001：118。

［21］厄尔·柯尼对这个反驳提出了类似的看法，参见：Earl Conee. Isolation and Beyond. Philosophical Topics，23（1995）：129-146。

［22］对相关问题的讨论，就理性的人们拥有不同信念的可能性而言，参见本书第九章。

［23］参见：Robert Audi. The Structure of Justification. Cambridge，UK：Cambridge University Press，1993；Susan Haack. Evidence and Inquiry：Towards Reconstruction in Epistemology. Oxford：Blackwell，1993；James Pryor. The Skeptic and the Dogmatist. Nous，34（2000）：517-549。哈克（Haack）将她的理论归为基础融贯论，即基础主义和融贯论的结合。然而，这种基础融贯论似乎跟这里讨论的温和基础主义的观点相吻合。

［24］一个基础信念不需要有证成。如果一个人不基于其他信念而直接形成某个信念，那么这个信念就是基础信念。比如，你一时突发奇想而产生的信念，是基础信念，但没有证成。有些哲学家用"基础的"（basic）这个词只是指称不依赖于其他信念而有证成的信念。然而，我们因此就会没有一个简单的词来指称那些不基于其他信念而又没有证成的信念。

［25］有可能对归纳提出怀疑主义的问题。这种问题将在本书第七章 *80* 讨论。

〔26〕一个人仅仅有某种起支撑作用的证据，这是不足以满足条件（a）的，意识到这一点很重要。它要求起支撑作用的证据很强，强到足以提供知识层面的证成。

〔27〕Laurence BonJour. The Structure of Empirical Knowledge. Cambridge, MA：Harvard University Press，1985：30-31. 他在一篇被大量重印的论文中提出过一个相似思路，参见：Laurence BonJour. Can Empirical Knowledge Have a Foundation?. American Philosophical Quarterly，15（1978）：1-13。

〔28〕索萨在如下著作的第六章问了一个这样的问题，参见：Ernest Sosa. Virtue Epistemology//Blackwell Great Debates：Epistemology：Internalism Versus Externalism，即将出版。

第五章　非证据主义的知识和证成理论

　　第四章讨论的理论给出了基于证据主义观念阐述的证成解释，这个证
据主义观念是，证成是一个人的信念与其证据相符的问题。尽管我们的讨
论中并未出现对证据主义的决定性反驳，但许多当代知识学家都拒绝接受
证据主义。没有人会否认证据往往对证成很重要，也没有明智的知识学家
力劝人们在形成信念时要无视证据。相反，他们认为，使一个人的信念符
合其证据只是部分实情。他们认为，更大的实情是要将开始形成和维持信
念的过程纳入考虑。本章会考察四种这样的理论。[1]

一、因果论

（一）主要观念

　　第一个被提出来取代传统的知识分析的是知识因果论。阿尔文·戈德
曼（Alvin Goldman）是这种观点的一个早期支持者。[2] 要理解这种观点，
可以首先考虑任何接受或处理其环境信息的仪器。温度计和气压计这样常
见的仪器就是一些例子。温度计周围的温度和气压计周围空气的压力使测
量装置处于特定的状态或情形。我们有时会在比喻的意义上说，温度计
"知道"温度是多少。在某些方面，我们像是精巧的温度计。当我们处在
一个红色物体面前时，我们的眼睛是睁开的，有充足的光线，我们看见一
个红色的物体，并相信那里有一个红色的物体。这是一种因果过程，开始
光从红色物体反射到我们的眼睛里，透过我们的知觉系统，最终以有一个
红色物体存在的信念而告终。因果论者的主要观念是，当世界上的某个事
实导致对那个事实的信念时，它就是知识的一个实例。当一个人拥有的某

个信念与相关的事实没有因果联系时，就没有相应的知识。

这个核心观念需要阐释和澄清，但它似乎的确有某种初步的合理性。我们最初可以将这个观念表述如下：

C. S 知道 p，当且仅当 S 的信念 p 由事实 p 引起。

因果论保留了传统的知识分析中知识要求真信念的含义。假定你相信 p，但这个信念为假。如果 p 不是真的，那么就没有事实 p，因而就不可能有事实 p 引起你的信念 p。如果你不相信 p，那么当然事实 p 引起你相信 p 就不可能是真的。因此，这种理论保留了真理和信念条件。但因果联系的要求代替了证成条件。

戈德曼在一篇捍卫这种理论的文章中得出结论说，它"公然违反了知识论中根深蒂固的传统看法，即知识论问题就是逻辑或证成问题，没有因果或起源问题"[3]。因此，他的观点是，你是否拥有知识不取决于你有什么样的理由，反而取决于你的信念的起因是什么。因此，这种理论的一种关键特征是，它去掉了传统的知识分析的证成条件和用来处理葛梯尔式例子的第四个条件，并将它们替换成因果联系条件。当我们考察这种理论时，我们将留意这个替换，看它是不是一个好主意。

为了明白因果论的好处，请注意它对一些常见例子处理得有多好。首先考虑这样的情形，即一个人拥有某个不是知识的真信念。假定你必须在计划好的日子出城野餐。在野餐时，没有听到任何有关家乡天气的报道，但你形成了一个信念，即家乡正在下雨。你有这个信念，仅仅是因为你那令人讨厌的性格：你不希望其他人玩得痛快而自己却没法赶上。再假定你碰巧是正确的。在这种情形中，你有一个真信念，即家乡正在下雨，但你却没有这项知识。正如因果论会说的，那正在下雨的事实跟你的信念之间没有因果联系。因此，这种理论在这个例子中完全正确。另外，如果你相信正在下雨，因为你的朋友打电话给你并告诉你正在下雨，而且你的朋友看到了下雨，那么从下雨到你的朋友打电话给你再到你知道下雨就有了一种因果联系。因此，你会有相应的知识。于是，这种理论在这个例子中也是正确的。当然，如果你自己看到了下雨，那么这里就存在因果联系，因而你会有相应的知识。这种简单例子产生的结果似乎都很好。

因果论甚至也能很好地处理一些更复杂的例子。考虑例子 3.3 那样的葛梯尔式例子，在这个例子中史密斯相信田野里有只羊。史密斯的信念为 *83* 真，但羊的存在没有作为原因而导致这个信念。这个信念会被追溯到一条狗（或雕塑或……）。因此，因果论在这个例子中也是正确的。

（二）发展因果论：戈德曼的理论

为了理解因果论的优点和问题，最好是考察一种特定形式的因果论。下面是戈德曼的建议[4]：

C*. S 知道 p，当且仅当事实 p 以适当的方式跟 S 相信 p 有因果联系。

戈德曼为什么要加入信念跟事实以"适当的方式"联系起来这个要求？一些可笑但却有说服力的例子可以澄清这一点。通过考虑下面这个涉及不适当联系的例子，这一点就会很清楚。

例子 5.1　头部遭撞

杰拉尔德从台阶上摔了下来，撞到了头。头部被撞，损伤了大脑，使他形成了各种荒诞的信念。其中一些信念是，他相信吃莴苣会导致肥胖，芝加哥小熊队会打赢世界职业棒球大赛，以及他刚从台阶上摔下来。实际上，他回忆不起曾摔倒过的感觉。这个信念跟刚提到的其他两个一样，仅仅是头部受撞的一个直接结果。

在这个例子中，杰拉尔德相信：

1. 我（杰拉尔德）刚从台阶上摔下来。

杰拉尔德相信（1），而且事实（1）与杰拉尔德的信念（1）之间有因果联系。然而，相当清楚的是，如果杰拉尔德是以这样的方式相信的，那么他就不知道（1）。这有些像葛梯尔式例子中所发生的情形，杰拉尔德（在某种意义上）幸运地得到了一个真信念。戈德曼说，在这个例子中，尽管事实与信念之间有某种因果联系，但在这种情形中，这联系不是一种适当的联系。这个例子说明了为何（C*）比（C）更好。

对于事实与信念之间的适当因果联系，戈德曼给出了如下例子：知觉、记忆和恰当重构的因果链。[5] 其中，前两个相当容易理解：如果看见一棵树引起你相信你面前有一棵树，这就有适当的联系而且你有相应的知识。如果记忆导致你保留这个信念，那么你也有相应的知识。有些情形更复杂，它们涉及因果链的心灵重构。

例子 5.2 消失的树

史密斯回到家，看到地上有好多锯末和木屑，原来那里有一棵大树。他回忆起那棵树生病了，并且他曾收到通知说市政林木管理处要把它砍掉。因此，他推论出并由此而知道那棵树被砍掉了。

在这个例子中，史密斯没有看到那棵树被砍掉了，也不记得那棵树被砍掉了。但他确实知道那棵树被砍掉了。对于这个事实，戈德曼的理论的解释方式是，只要这个信念来自从事实到信念的因果链的恰当重构，就可承认事实与信念之间的适当联系。史密斯能以合理的方式重构这里所涉及的因果链，因而有相应的知识。在这种情形中，有一条因果链：从砍掉树到木屑和锯末的存在，再到树被砍掉的信念。因为史密斯能重构从树被砍掉到史密斯的信念的因果链，戈德曼认为这是因果链的恰当重构，因而产生了一种适当的因果联系。戈德曼的理论正确地意味着在这个例子中史密斯是有相应的知识的。

其他一些恰当重构的因果链与这个例子中的略有不同。假定布莱克看到炉膛里有火，因而相信有烟从烟囱里冒出来。烟从烟囱里冒出来并没有引起她的信念：有烟从烟囱里冒出来。相反，那火既引起了烟从烟囱里冒出来，也引起了她如此的信念。因此，在这种情形中，有某种东西（即那火），既引起了某种事实（即冒烟），也引起了布莱克相信那种事实的信念。换句话说，事实和布莱克关于事实的信念有共同的起因。戈德曼说，当一个人正确地重构出这样的因果链时，事实和信念之间是以适当的方式建立起因果联系的，因而他的分析中的因果条件得到了满足。因此，因果论又正确地意味着布莱克确实知道有烟从烟囱里冒出来。

戈德曼的观念既聪明又有新意。它可以有效地处理许多常见例子。它也可能以很好的方式处理葛梯尔式例子。在那些例子中，事实 p 和信念 p 之间通常没有因果联系或者联系不当。

然而，因果论并非没有严重问题。我们接下来讨论这些问题。

（三）因果论的困境和问题

问题 1. 知道一般化的结论

当我们把注意力限制在关于世界上可观察的特定事实的知识时，因果论最有效。但标准看法意味着我们知道得更多。比如，它允许我们拥有下面这样的对于一般化的结论的知识：

> 2. 所有人都终有一死。

问题是，一般化的结论似乎不是原因。（2）并不引起你的信念（2），因而这个事实和你对它的信念之间没有因果联系，因此没有适当的因果联系。这个信念是由对必死性的特定个例之信念（和其他信息）引起的。因此，根据戈德曼的因果论，你如何知道（2）？[6]

85

问题 2. 过剩决定的情形

> 例子 5.3　毒药和心脏病发作
>
> 埃德加知道艾伦服用了一剂致命的毒药，但没有解药。足够长的时间过去了，埃德加知道艾伦死了。但艾伦并不是死于毒药；相反，他因自己所做的事情而非常苦恼，因而致命的心脏病发作了。埃德加重构的因果链是不恰当的。

这对戈德曼的理论是一个问题，因为埃德加确实知道艾伦死了，但没有正确地重构出其因果链。在这种情形中，埃德加知道某事，即艾伦服用了一剂致命的毒药，这在因果关系上足以导致艾伦死亡。埃德加基于此而知道艾伦死了。这并不要求艾伦服用了一剂致命的毒药是艾伦死亡的实际原因。你可以知道发生了某事，即便你搞错了它是怎样发生的。你没有必要重构出恰当的因果链。[7]

这是因果论面临的一个非常严重的问题。为修补因果论，它有必要说，一个人相信某事发生了，因为他有证成地相信某种在因果关系上足以导致它发生的东西，在这样的情况下，那事情与信念之间就有一种恰当的因果链。但这就将戈德曼恰好想要避免的证成（和证据）观念带回了因果论。真实情况是，知识恰好不需要有某事与相信它发生的信念之间的因果联系。它需要的是有证成的信念。

问题 3. 知觉和证据

例子 5.4　楚迪/朱迪事例

楚迪和朱迪是同卵双胞胎。史密斯看到了其中一个，没有好的理由就形成了他看见了朱迪的信念。这是真的，它是知觉的一个实例。他重构了朱迪的出现与相应信念之间的因果链。他知道楚迪，但草率地忽视了他看见的是楚迪的可能性。[8]

这也是因果论面临的一个严重问题。在此，事实与相信那个事实的信念之间有因果联系。然而，没有相应的知识。其原因是，相信因果链如其所是的理由不是好的理由。仅仅有因果联系，这还不够好。

86　　　一个因果论者可以用一种恰当处理这个事例的方式来发展这个理论。其想法会是，要求相信者有保证地或有证成地以恰当的方式重构因果链。在这个事例中，史密斯的信念是没有证成的，因为他没有好的理由认为他看见的是朱迪而不是楚迪。但这个事例中的信念却正好是一个知觉信念，即史密斯看见一个人并形成了那个人是朱迪的信念。这正好跟如下情况相似，他看见一张桌子并形成了那是一张桌子的信念。如果我们说，在楚迪/朱迪事例中，对于那因果故事还需要有保证的信念，那么在他形成那里有一张桌子的真信念的情形中也应该需要同样的东西。这些考虑的结果是，任何一种好版本的因果论，都将跟戈德曼所说的那种形式的传统的知识分析没有什么不同。

因果论者面临一个两难困境：要么他们确实需要有关知觉起因的"明确证据"，要么他们不需要。如果因果论者不需要有关知觉起因的明确证据，那么楚迪/朱迪事例就是一个反例，因为这里有相信者正确地（尽管没有证成地）重构出的因果联系。如果因果论者确实需要有关知觉起因的明确证据，那么因果论就会变得跟传统的知识分析没有什么明显的不同。核心差异是因果论添加了因果联系条件，但例子 5.3 表明这是错误的。

（四）关于因果论的结论

知识可用因果联系来分析，而非用证成来分析，这是一个有趣的观念；但当我们仔细地考虑它时，它似乎不能很好地解决问题。我们知道的事实与我们相信这些事实的信念之间通常有一种因果联系，这是真的。但正如例子 5.2 和例子 5.3 所表明的那样，当没有这种因果联系时，我们也能有相应的知识，而且正如例子 5.4 所表明的，即便有因果联系，我们也可能缺乏相应的知识。

二、跟踪真理

（一）大致意思

回想一下用来引入因果论的想法：温度计"知道"温度是多少，因为它们以有规律的方式对温度做出反应。因果论并未充分利用这个观念。对温度计而言，真实的情况并非只是 50°引起温度计显示"50°"。当温度是如此时，温度计如此显示，并且当温度不是如此时，温度计就不如此显示。人们对周围世界的认识与此有些相似。比如，考虑一只狗的主人和她的狗雷克斯。当雷克斯跟她一起在房间里时，她便相信雷克斯在房间里。雷克斯使它的存在被感觉到，她敏于接受它这样做的方式。当雷克斯不在房间里时，她相信雷克斯不在房间里。她关于这个话题的信念在"跟踪真理"，这有些像温度计跟踪温度的方式。

因此，有一个观念是，认知者是"真理跟踪者"。罗伯特·诺齐克 *87*（Robert Nozick）是这种理论的首要支持者。[9]跟踪真理这个观念作为对知识的一种解释是这样的：知道某个命题的人，即认知者，是跟踪这个命题之真理的人。正如温度计的读数器跟踪温度一样，认知者对一个命题的态度反映这个命题的真值。这个观念可被表述为如下定义：

> TT. S 知道 p，当且仅当，（i）p 为真；（ii）S 相信 p；（iii）S 对 p 的态度跟踪 p 的真值：当 p 为假时，S 不相信 p，并且当 p 为真时，S 的确相信 p。[10]

跟因果论一样，跟踪论保留了传统的知识分析的"知识要求真信念"的观念。但它以跟踪要求替换了证成条件和葛梯尔条件。

跟踪论对一些简单情形很有效。一位办公室人员知道他的电脑现在是开着的，但如果它是关着的，他就会知道它是关着的。他对电脑状态的信念跟踪着电脑的实际状态。他不知道他的邻居是否在家，尽管他认为她在家。但这个想法是基于对一般行为模式的模糊回忆。即使她出去了，他依然会认为她在家。他的信念没有跟踪她的位置。

（TT）原则对其他很多情形也会有正确的结果。对于给因果论带来问题的一些情形，它似乎也能有正确的结果。跟踪论甚至也能相当有效地处理一些葛梯尔式事例。比如，在其中一个事例中，史密斯不知道他办公室里有人拥有一辆福特车。史密斯的信念建立在有关诺戈特的证据之上，但史密斯的信念为真是因为哈维特。然而，如果史密斯的信念为假，或许因为哈维特卖掉了福特车，史密斯依然会拥有关于诺戈特的证据，并依然会相信他办公室里有人拥有一辆福特车。因此，即使他办公室里有人拥有一辆福特车这个命题为假，史密斯无论如何还是会相信它。对这个命题而言，他不是一个真理跟踪者，因此根据（TT），他没有相应的知识。

（二）发展跟踪论：诺齐克的理论

诺齐克论证说，照当前的情形，沿着（TT）线路的理论并不是很正确，它需要一些"改进和周转圆"[11]。对此，他无疑是正确的。他提出了如下这样的一些例子来阐述支持这个论点的理由：

例子5.5　幸运的知识
布莱克在她的办公室里努力工作。她有时从办公桌和电脑前抬起头来向上看，以便伸一伸脖子。有一次，她碰巧朝窗外的街道扫了一眼。就在这时，她看见街上有人抢劫。她对这件事看得很清楚。她是一个目击者。

在这个事例中，布莱克知道发生了抢劫。然而，跟踪条件并没有得到满足。在那个关键时刻，布莱克没有朝窗外扫那一眼，这是很容易发生的事情。在这种情况下，那起抢劫仍然发生了，但她不会相信它。对于一起抢劫正在发生这个命题，她不是一个真理跟踪者。因此，例子5.5是（TT）的一个反例。布莱克确实有相应的知识，但她不是一个真理跟踪者。

另一个例子可阐明同样的看法：

例子5.6　祖母案例[12]
年迈而虚弱的祖母看到孙子约翰尼在她面前开心地玩耍。她知道约翰尼很好并且玩得很开心。但假定约翰尼病了。全家人都会告诉祖母：约翰尼很好并且玩得很开心，但他是在朋友家玩。他们不想让祖母担心。因此，如果约翰尼病了，她仍然会相信约翰尼很好。

祖母未能跟踪真相。但她有知识，因为她确实看见了约翰尼。

诺齐克提出了一个如何修正的建议。[13]他建议说，在这些事例中出现问题的是，那个人形成信念的方法有一个转换。稍微简化一下，我们可以将以下观点归到诺齐克名下：

> TT*. S 知道 p，当且仅当，(i) p 为真；(ii) S 相信 p；(iii) S 使用方法 M 形成信念 p；并且 (iv) 当 S 使用方法 M 形成对 p 的信念时，S 对 p 的信念跟踪 p 的真理。[14]

意思是，要知道一个命题，当你坚持用同样的方法形成一个对它的信念时，你必须是这个命题的真理跟踪者。在祖母案例中，祖母实际上用"看他"作为她的方法。正如这个例子告诉我们的，如果约翰尼不舒服，而她会被告知他很好，那么她就用了另一种方法。当（TT*）被应用到这个案例时，另一种方法会导致她产生错误的信念，这个事实并不重要。为了运用（TT*），我们必须考虑如果约翰尼身体不舒服将会发生什么，并且祖母要用"看他"的方法来形成她的信念。在这种情形中，很可能祖母会看到约翰尼病了，并且不会相信约翰尼很好。因此，如果祖母坚持用这种方法，她就会把事情搞对。所以，（TT*）能处理好例子 5.6。

（三）跟踪论的问题

问题 1. 跟踪对于知识是不必要的

再考虑一下例子 5.5，即幸运的知识事例。在这个例子中，布莱克确实有相应的知识，但也很容易未能拥有那知识，因为她很容易是在略有不同的时刻向窗外扫了一眼。在这种情形中，（TT）的条件（iii）未得到满足。但跟踪论的捍卫者可能认为它满足了修改后的分析，即（TT*）的条件（iv）。然而，这似乎并不正确。如果我们所讨论的方法是"向窗外扫视"，那么修改后的分析并不会比原初的分析更好。关键问题是：在这种情形中，条件（iv）是否得到了满足。将这个条件运用到这个例子中，产生的结果是：

当布莱克用向窗外扫视的方法来形成关于那里是否有抢劫正在发生的信念时，她的信念会跟踪真理（即是说，如果有抢劫，她通常会相信如此；如果没有抢劫，她通常不会相信那里有抢劫）。

我们假如给这个故事添加一个小细节，那就很容易看出这个条件不必为真，即使布莱克确实知道发生了抢劫。假定布莱克只能看到她窗外街道的一部分。有一大部分她看不到。在我们的例子中，布莱克的方法，即朝街道上看，使她知道发生了抢劫。但她未能看到，这却是极有可能的。即是说，这可能会让她相信没有发生抢劫，即使那里发生了抢劫。假如抢劫案发生在一个稍微不同的地方，刚好在她的视野之外，那么情况就会如此。因此，对形成关于那街道上是否有抢劫的正确信念来说，她所使用的方法，即朝街道上看，并不那么可靠。[15]即使她使用这种方法，她也没有跟踪真理。所以，跟踪论意味着：她不知道有抢劫正在发生，即便她看得清清楚楚。这是一个错误的结果。

这是对知识跟踪论的一个有力反驳。它表明，即使一个人坚持用同一方法来形成对某个命题的信念，这个人依然可以在不是一个真理跟踪者的情况下拥有对那个命题的知识。或许这个例子并不是完全决定性的，因为它没讲清楚怎样才算是使用同一方法。或许，这个理论的捍卫者会说，如果布莱克朝街道上看，没有看到抢劫，那么她形成信念的方法就不同于她看到抢劫时所使用的方法。对此，很难形成确定的看法，因为究竟怎样才算是使用同一方法，对此还没有任何清晰的观念。因此，这个反驳至少表明跟踪论在这个至关重要的方面是含混不清的。

问题 2. 荒唐的区别

另一个反驳要归功于索尔·克里普克（Saul Kripke）。[16]

例子 5.7 假谷仓

史密斯正在一条乡村公路上驾车行驶。他看到许多不同颜色的谷仓，看到其中一个后，他相信：

3. 我看到了一个谷仓。

基于他所看到的，他还相信：

4. 我看到了一个红色的谷仓。

正如他所相信的，这两个命题都是真的。然而，史密斯不知道的是，最近发生了不少谷仓火灾，当地人竖起了谷仓样的立面来取悦游客。因此，许多他认为是谷仓的东西并不是谷仓。最后一个细节是，所有假谷仓都不是红色的，因为假谷仓的材料对红色油漆的反应①，令人感觉不舒服。 *90*

在这种情况下，史密斯是否知道他正看到一个谷仓，哲学家们意见不一。一些人认为附近存在的假谷仓让史密斯缺乏相应的知识。另一些人否认这一点。但几乎所有人都会同意，史密斯要么既知道（3）又知道（4），要么既不知道（3）又不知道（4）。认为史密斯知道其中一个而不知道另一个，这是完全不合理的。然而，这似乎正是（TT*）结果。

下面就是为何跟踪论会有如此奇怪的可能后果之原因。为了检测史密斯是否知道这些命题，跟踪论让我们考虑史密斯对它们形成信念的方法是否跟踪了它们的真理，即是否可靠地得到了正确答案。史密斯认出谷仓的方法似乎不太可靠。这是因为，即便史密斯看到的谷仓是假的，史密斯也会相信那里有一个谷仓。附近有假谷仓存在，这使这种可能性是现实的，因而使史密斯不是命题（3）的真理跟踪者。相比之下，史密斯对（4）的决定方法是极为可靠的。因为那里没有红色的假谷仓，史密斯能将红色与其他颜色区分开，当他正看到红色的谷仓时，他认为他看到了，并且当他没有看到红色的谷仓时，他认为他没有看到。所以，史密斯跟踪（4）的真理比跟踪（3）的真理要做得好很多。

因此，跟踪论意味着史密斯知道他在那里看到了一个红色的谷仓，却不知道他看到了一个谷仓。这是一个不可接受的结果。如果你认为附近有假谷仓存在会毁掉史密斯的知识，那么你就会认为史密斯既不知道（3）也不知道（4）。如果你认为附近有假谷仓存在不会毁掉史密斯的知识，那么你就会认为史密斯既知道（3）又知道（4）。无论如何，这都是跟踪论的困境。

（四）关于跟踪论的结论

尽管跟踪论最初很有吸引力，但它恰好是无效的。知道并不等于跟踪

---

① 例如，光化反应。——译者注

真理。这其中的很大一部分原因是，你是否跟踪真理与你的理由之质量无关。在刚才考虑的最后一个反驳中，不寻常的情况使你能够跟踪一个命题而不能跟踪另一个命题。但你对这两个命题的理由却是同样好的。似乎知识又一次以跟踪论无法承认的方式依赖于理由。

三、可靠论

（一）主要观念

可靠论在某些方面类似于跟踪论，尽管二者具有一些重要区别。可靠论通常被表述为一种证成理论，而不是一种知识理论。因此，可靠论者可以同意知识是有证成的真信念（加上某种处理葛梯尔事例的东西）。在这些观点上，他们跟前面讨论的证据主义理论的捍卫者一致。然而，他们对证成条件的理解方式与证据主义者的理解方式有很大的不同。可靠论者否认证成在很大程度上是拥有好的证据。相反，他们说，证成取决于形成信念的过程或方法的实际准确度（或可靠性）。我们将在本节讨论这个观念。

最具影响力的可靠论支持者是阿尔文·戈德曼。作为他对自己理论之解释和辩护的一部分，他写道：

> ……何种原因会产生证成？我们可以通过回顾一些有毛病的信念形成过程来获得对这个问题的领悟，有毛病的信念形成过程即是其输出的信念被归为无证成的信念的过程。这里有一些例子：混乱的推理、主观臆断、靠情感依恋、纯粹的预感或猜测，以及轻率的概括。这些有毛病的过程有何共同之处？它们的共同特征是不可靠：它们在大部分时间里倾向于出错。相比之下，哪些种类的信念形成过程凭直觉是会产生证成的？它们包括标准的知觉过程、记忆、好的推理和内省。这些过程的共同之处似乎是可靠：它们产生的信念通常为真。因此，我的积极建议是这样的。一个信念的证成地位是产生它的那个过程或那些过程之可靠性的一种功能，其中（作为首次概说）可靠就是产生真信念而非假信念的过程倾向。[17]

戈德曼在这里说的话是有说服力的。混乱的推理、主观臆断和猜测确实会产生没有证成的信念。它们似乎确实有"不可靠"这种共同特征，因为它们经常导致错误的信念。相比之下，知觉、记忆和好的推理确实会产生有证成的信念。这些过程似乎确实有"可靠"这种共同特征，因为它们通常会导致正确的信念。因此，可靠性是证成的核心，这个观念是很值得考虑的。

（二）发展可靠论：戈德曼的理论

考虑 1. 递归定义

在陈述戈德曼的理论之前，简要地解释一下阐述某些理论的方式，这将很有帮助。人们经常担心循环定义。请考虑如下建议：

> J. S 有证成地相信 p，当且仅当，S 有证成地相信"S 对 p 的来源可靠"。

这是不可接受的。它明确地使用了证成观念来试图解释或定义证成。然而，一些看起来同样令人反感的建议实际上却有重大差别。这就是递归定义。假设我们说有两种成为公民的方式：通过公民资格考试或成为某个公民的孩子。我们可以把这两种方式阐释成公民身份的定义或公民身份的条件陈述：

> Z. S 是公民，当且仅当，（1）S 已通过公民资格考试，或（2）S 是某个公民的孩子。

在（Z）中，公民概念似乎被用来解释什么是公民。然而，（Z）并不是令人讨厌的循环。原因之一是，有可能重新表述（Z），使其不具有这种特征。如此做的方式是，用"S 是某个通过了公民资格考试的人的后代"来替换（2）。另一种思考方式是，条件（1）指明了进入公民类别的一种方式。这是"基础情形"。条件（2）指明了让你进入公民类别的一种关系，即你与已属公民类别的某人的关系。

下面将要介绍的戈德曼的理论会为证成提供一种递归的解释。它将提供一个基础条件和一种关系，这种关系所涉及的信念也满足使一个信念有证成的条件。这个建议不是循环的。

考虑 2. 戈德曼理论的详情

对于可靠论，很容易想到一个初始构想，同样也很容易看到这个初始构想必须要进行修正，以便它能正确地刻画出主要观念。请考虑：

> R. S 有证成地相信 p，当且仅当，S 的信念 p 是由一个可靠过程
> 引起的。

一个过程是可靠的，只要它通常会导致正确的信念。一个过程必须要有多可靠，（R）中的条件才得到满足，这还有些不清楚，但这不是批判它的理由。事实上，可靠论者可能会合理地说，导致一个信念的因果过程是可靠的，在此范围内，这个信念就是有证成的：过程越可靠，信念就越有证成。要使一个信念的证成足以满足知识的证成条件，产生这个信念的过程就必须非常可靠。这就好比证据主义者声称一个人需要有很强的证据。在这两种情况下，都没有指明任何确切的边界。

不幸的是，事情比（R）显示的要复杂得多。一种复杂情况出自如下事实：一些信念源自根据其他信念的推断。一个完美的推理导致一个错误的信念，这是可能的。当推理的前提为假时，就会发生这种情况。因此，请考虑进行某个推理的过程，比如，从前提 P 和前提"如果 P 则 Q"，推出 Q。这是一个很好的推理。使用这个过程形成的信念很可能是有证成的。然而，这样的推理可能会得到许多错误的信念。假如人们经常使用这种模式而从错误的前提开始推理，那么就会出现这样的情况。

93　　　用刚才讨论的方式进行推理，并不一定会得到真理。事实上，如果它恰好经常被用于错误的信念，那么它甚至通常不会导致真理。但只要开始推理的前提为真，它就必然导致真理。戈德曼认为，像这样的过程是有条件地可靠的：当从其开始推理的信念为真时，它通常（或总是）会产生真信念。戈德曼把从一些信念开始并产生新的信念的过程称为依赖于信念的信念形成过程，并把不从信念开始的过程称为独立于信念的信念形成过程。一些基本的知觉过程可能是独立于信念的。在这些情形中，一种特定的经验引起了某个信念，而其他信念则没起作用。所有这些观念都进入了戈德曼对可靠论的表述中。

> R*.(i) 如果 S 在时间 t 的信念 p 源自独立于信念的可靠过程，
> 那么 S 在时间 t 的信念 p 是有证成的。

（ii）如果 S 在时间 t 的信念 p 源自依赖于信念的有条件的可靠过程，并且这个过程所依赖的信念本身是有证成的，那么 S 在时间 t 的信念 p 是有证成的。

（iii）信念能得到证成的唯一方式就是满足条件（i）和（ii）。

（R*）中阐明的可靠论，似乎在几个重要方面与证据主义理论形成了对比。虽然可靠论者和证据主义者在许多事情上可以达成一致意见，但当涉及满足（R*）的条件（i）的信念时，他们之间的分歧非常明显。当考虑到对可靠论的反驳意见时，这些分歧将非常明显地显露出来。现在应该注意的是，关于为什么知觉信念是有证成的，可靠论者似乎有一些相当清晰和合理的东西要说。当一个人看见一个红色的东西时，他形成了他看见了一个红色的东西的信念。为什么这个人的这个信念是有证成的？温和基础主义者曾被紧追不放地要求提供确切解释。最终得到的答案涉及将信念恰当地建立在经验的基础之上，这个答案或许是令人满意的，但将这个答案与可靠论者可能会说的进行比较也是有价值的。可靠论者的观点是，形成这个信念所涉及的信念形成过程是非常可靠的。这似乎是正确的。简单地看中等大小的物体的颜色，人们通常不会搞错。因此，这个知觉过程的运作似乎高度可靠。

在跟踪论出错的那些例子中，可靠论似乎也有正确的结果。跟踪论要求人们用来形成信念的方法能够使人跟踪那个命题的真理。相比之下，可靠论只要求那种方法通常是形成信念的可靠方式。可以提出论证说，给跟踪论造成困境的那些例子中所使用的方法通常是可靠的，因此那些例子不会损害可靠论。

（三）对可靠论的反驳

反驳 1. 缸中之脑反驳

一个在怀疑主义讨论中扮演重要角色的例子给可靠论带来了一个问题。这个例子的一个老版本涉及一个控制着某人的经验的恶魔。这个例子的一个当代版本是关于缸中之脑的。[18]除了进入大脑的全部刺激都是电脑产生的脉冲的结果之外，缸中之脑是一个完全正常的人类大脑。这个大脑认为自己过着正常的人类生活。它认为自己居住在一个身体里，自己在世上活动，如此等等。所有这些都是错误的。但这个大脑以一种完全可接受的方式从它所拥有的经验中进行推理。事实上，我们可以认为，这个大脑所拥有的经验和正常人所拥有的经验是完全一样的，正常人拥有身体，在世上活动，如此等等。

例子 5.8　缸中之脑

布莱恩是一个正常人，他对周围的世界有着准确而且有很好证成的信念。布瑞恩是布莱恩心灵的复制品。布瑞恩有和布莱恩一样的经验。布瑞恩的信念是布莱恩的信念的对应物。当布莱恩相信他（布莱恩）正在吃热巧克力圣代时，布瑞恩相信他（布瑞恩）正在吃热巧克力圣代。当布莱恩相信他（布莱恩）在公园里散步时，布瑞恩相信他（布瑞恩）在公园里散步。当布莱恩相信他（布莱恩）正看到一个亮红色的物体，布瑞恩相信他（布瑞恩）正看到一个亮红色的物体。正如通常的情形一样，布莱恩在所有这些事情上都是对的。但可怜的布瑞恩每次都是错的。

这个例子潜在的怀疑主义后果是值得注意的。一些哲学家论证说，你不能分辨你像布莱恩还是像布瑞恩，因此你不可能知道这个例子中所提到的那些命题。当我们在第六章转到怀疑主义时，我们会讨论这个论证。然而，鉴于标准看法，布莱恩可以知道这些事情。因此，这样的一些信念是有证成的。所以，就布莱恩而言，可靠论似乎有完全正确的结果。布莱恩的信念形成过程极为可靠。[19]（R*）正确地意味着布莱恩的信念是有证成的。

问题是关于布瑞恩的。布瑞恩和布莱恩一样理性。实际上，布瑞恩因同样的理由而相信同样的事情。布瑞恩的信念似乎有同样好的证成。然而，布瑞恩用以形成信念的过程通常导致错误的信念。由此可以推论出布瑞恩的信念形成过程是不可靠的。倘若如此，（R*）在此就产生了错误的结果。当实际上布瑞恩的信念有证成时，（R*）却意味着布瑞恩的信念是没有证成的。这对可靠论来说是不利的。

请注意，关于布瑞恩的主张并不是说布瑞恩有相应的知识。他确实没有。布瑞恩的信念几乎全是错误的，因此它们不属于知识的情形。[20]但他对他的信念是有证成的，正如布莱恩的信念是有证成的一样。然而，可靠论似乎对它们有非常不同的评价。同样的事情也可以发生在不那么极端的情形中。假定一个人的色觉过程是混乱的，因而她在形成对某些颜色的信念时是不可靠的。但这个话题正好没在她面前讨论过，人们没有纠正她，她完全有理由认为她的色觉过程没任何问题。因此，她对她的信念是有证成的，尽管这个过程是不可靠的。

这些例子意味着可靠并不是证成的必要条件。可靠论者的如下说法也没有什么帮助：如果人们有证成地相信自己所用的信念形成过程是可靠的，那么人们的信念就是有证成的。这将在可靠论中引入一种令人讨厌的循环。

反驳 2. 偶然的或未知的可靠

在某些情形中，一个人使用了可靠的信念形成过程，却没有理由相信它是可靠的。这种信念对这个人似乎应该仅仅是一种预感。戈德曼提到了两种这样的事例。第一种是，这个人没有理由相信某个过程是可靠的，尽管它实际上是可靠的。第二种是，这个人有理由相信某个过程是不可靠的，尽管它实际上是可靠的。戈德曼认为，第二种事例比第一种事例"更糟"，为了处理这种事例，戈德曼对他的分析提出了一个修正。这个修正涉及改变他的分析中的条件（i）。他提出：

> i*. 如果 S 在时间 t 的信念 p 源自一个可靠的认知过程，除了 S 实际使用的认知过程之外，S 没有可用的其他可靠的或有条件地可靠的认知过程，要是此过程被使用，结果就是 S 不会在时间 t 相信 p，那么 S 在时间 t 的信念 p 是有证成的。[21]

（i*）背后的想法是给证成加上一个"无否决理由"条件。假定某人形成了一个信念，此信念源自这个人有理由认为的不可靠的过程。然后这个人就有了另一个推理过程，即利用这个事实的过程。如果这个人利用了这个过程，那么她最终就不会再保持最初的那个信念。她大致会想：我相信p，这是一个不可靠的过程的结果。然后她就停止了相信 p。这显然是一个可靠的过程。[22]因此，对最初的信念有了一个可靠的否决过程，这表明最初的信念是没证成的。这就是戈德曼处理这样的一些例子的方式，在这种例子中，一个人使用的过程实际上是可靠的，但这个人有理由认为它不可靠。虽然这个看法有很大的争议，但让我们假定它能产生令人满意的结果。

还请考虑这样的情形：不管怎样，一个人不知道其信念形成过程是否可靠。在这种情形中，这个人对最初的信念似乎没有一个起否决作用的认知过程。他没有这样的可靠的推理路线，即这个推理将导致他拒绝他的信念。劳伦斯·邦久提出了一个受到广泛讨论的此类例子。

例子 5.9　千里眼

就某些种类的主题而言，诺曼在某些条件下通常是一个完全可靠的千里眼。对这种认知能力的一般可能性或他拥有这种认知能力的论题，他没有任何支持或反对的证据和理由。有一天，诺曼突然相信总统在纽约市，尽管他没有支持或反对这个信念的证据。事实上，这个信念是真的，并且来自他的千里眼能力，在这种情况下，他的千里眼能力是完全可靠的。[23]

邦久认为诺曼的信念是没有证成的，尽管这个信念来自一个可靠的信念形成过程，而且诺曼对这个信念没有可用的起否决作用的信念形成过程。一些哲学家认为，这是对可靠论的一个重要反驳。这或许是。但可靠论者仍有一些回应的思路。考虑一下在邦久的例子中那个人是什么样的。显然，总统在纽约市的想法是他突然想到的。根据这个例子的描述，诺曼没有理由认为这种想法一般是真的。假定他想过为什么他会对总统所处的地点有这种看似随意的想法。他可能会想："这很奇怪。我没有理由相信这一点。它只是突然出现在我的脑海里，似乎是无缘无故地产生的。"这可能会导致他不再有那个信念。也许这种推理可以算作一种由（i*）引入的可用的否决过程。

因此，像邦久提出的这样一些例子，是否构成了可靠论的严重问题，这并不清楚。在某种程度上，这是因为一种可用的认知过程的观念还不够清晰。然而，还有另一个不清晰的地方，可能会更麻烦。

反驳 3. 概括性

对（R*）的前两个反驳的讨论使用了在例子中形成信念所涉及的过程这个未加阐释的假设。[24]比如，在缸中之脑的反驳中，人们认为布莱恩使用的过程是可靠的，而布瑞恩使用的则不可靠。这个假设很重要。但同样真实的是，他们两个都以同样的方式思考，每个都基于类似的经验而形成类似的信念。因此，他们大概用的是同样的方法。如果他们使用的是同样的过程，那么，倘若这个过程通常是可靠的，那么（R*）就意味着他们的信念都是有证成的，而且，倘若这个过程不可靠，那么他们的信念都是没有证成的。为什么我们认为他们使用的信念形成过程在可靠性上是不同的？

在讨论邦久的例子时，我们认为相关的认知过程是"千里眼"，并且认为这是可靠的。但我们还可以把这个过程描述为"以一种人们没有理由去信任的方式形成某个信念"，而且这似乎是不可靠的。为什么我们认为他使用的是可靠的过程而不是这个不可靠的过程？

这似乎对（R*）有利，因为这意味着可靠论者可以找到一些描述这个过程的方式，从而使他们能够避免人们提出的那些反例。然而，这种回应隐藏了一个问题。问题是，任何情况下都有许多不同的方式来刻画那被用到的信念形成过程。在已讨论的内容中，还没有系统的方式来弄清楚在评价任何例子时要考虑哪种一般模式。结果是，可靠论还未被很好地阐释出来以便评估。我们也不知道它对任何一个例子有什么样的可能后果。而 *97* 且，当我们更细致地思考各种各样的信念形成过程时，问题就出现了。

在本节开头所引的那篇文章中，戈德曼提到了下面这样的方式，并将其当作不可靠的过程：

　　　　P1. 短暂而匆忙的浏览

与之形成对照的是：

　　　　P2. 细致而从容地观察

而且，他认为，

　　　　P3. 看远处的物体

不如下面的可靠

　　　　P4. 看近处的物体

但这是行不通的。假如这些就是以可靠论的标准进行评价时需要考虑的认知过程，那么可靠论就明显不会有令人满意的结果。它将意味着来自这些过程之一的全部信念都具有同等的可靠性。即是说，如果（P1）是不可靠的，那么源自（P1）的全部信念就都是没有证成的。如果（P2）是可靠的，那么源自（P2）的全部信念就都是有证成的。如果（P3）没有（P4）那么可靠，那么经由（P3）而形成的全部信念就都不及经由（P4）而形成的信念有证成。但这些都不是正确的结果。经由过程（P1），人们可能会知道房间里有一把椅子，院子里有一棵树，等等。这些全是有好的证成的信念。有人可能用（P2）来得出结论说，某个特定的人是大一新生，但得出这个结论却是没有证成的。其他一些时候，细致而从容地观察确实会产生有证成的信念。经由（P3），一个人知道了在天空的某处有一颗恒星，但有时看近处的事物却不会产生有证成的信念，就如新手识别树木的时候一样。因此，有时来自（P3）的结果比来自（P4）的结果更有证成。这些分类是无效的。关键事实是，每个类型的过程都可产生所有不同证成程度的信念。

对这个问题有一个更系统的表述。正如可靠论者所理解的那样，可靠性是一个反复发生的认知过程的属性。导致一个特定信念的特定过程只发生一次，但它是一个认知过程，或者一种类型的过程的个例。这个特定过程被称为"过程个例"，这个一般的类别则是"过程类型"。每一个个例都是许多类型的一个个例。假设你一天晚上朝窗外看并看到了一盏路灯。发生的这个过程是你形成对所见事物之信念的一个实例，其根据是：（i）知觉；（ii）视觉；（iii）夜间的视觉；（iv）夜间对明亮物体的视觉；如此等等。这些类型的可靠性是不同的。比如，（iii）没有（iv）可靠。可靠论者的理论认为，一个特定信念在"其过程是可靠的"这种程度上是有证成的。但所有这些不同的过程类型都跟你看见一盏路灯的信念有关。哪一种过程类型的可靠性决定了这个信念有多大程度的证成？你看见一盏路灯的信念没有很好的证成，因为它是类型（iii）的一个个例，或者它有更好的证成，因为它是类型（iv）的一个个例？如果可靠论是一种好理论，那就必须有一种系统的方式来回答像这样的问题。对一个可靠论者来说，看一个具体例子，比如这个例子，首先决定这个信念是有证成的，然后认为其过程类型是（iv），因而这个理论有一个正确的结果，这是相当容易的。但还需要某种更一般化的理论。

因此，每个信念都是由单个的过程引起的，而这个过程会落入许多过程类别或类型。如果可靠论是一种好理论，那么它就必须以某种系统的方式在这些过程类型中为每个信念确定一个过程，并依其可靠性来决定这个信念是否有证成。让我们把其可靠性决定相应信念有多大证成的每个个例的类型称为那个信念的"相关类型"。类型是什么，我们还未给出任何解释。利用相关类型这个观念，我们可以更清晰地陈述戈德曼可靠论的基础条件。它就是：

> i**. 如果 S 在时间 t 的信念 p 源自独立于信念的过程个例，此个例的相关类型是可靠的，那么 S 在时间 t 的信念 p 是有证成的。

（我们可以把这个观念运用到戈德曼给出的修正后的分析，但我们将忽略这种复杂情形。）现在可靠论者的问题是要为相关类型提供一种解释，以便让可靠论有合理的结果。

在试图处理这个问题时，可靠论者面临一个严重的问题。可靠论有一个可能的后果，即源自同一过程类型的全部信念有着同等程度的证成。当这种过程是可靠的，它们就全都是有证成的。但你能想到的任何一种认知过程，至少是你能想到的任何一种日常的认知过程，都会产生一些有证成的信念和一些没有证成的信念。

为了支持这种看法，请考虑另一个例子。假定一个棒球裁判员正在判坏球和好球。有些情形是清晰的，有些情形则很难判定。假如这个裁判员对所有情形都使用同样的认知过程，那么他对投球的所有信念就都有同等程度的证成。这似乎是一种坏结果，因为有些时候投球是不是好球是相当清晰的，有些时候则不清晰。要使可靠论有效，就必须有某种方式来区分清晰的情形中所使用的认知过程和不清晰的情形中所使用的认知过程。

另一个例子可能会使问题更清楚一些。假定一个人看着一棵树的叶子，根据它们的形状而正确地相信那棵树是枫树。我们可能会说这里发生的过程类型是"从枫叶形状到枫树"的过程，即由独特的枫叶形状导致枫树信念的过程。这个过程是很可靠的，每当一个人基于树叶形状而认为某棵树是枫树，这个人就是对的。没有其他树叶看起来是这个样子。因此，可靠论似乎是说，这个人是有证成地相信那棵树是枫树。但是，用来形成枫树信念的认知过程跟这个人用来形成橡树和松树信念的认知过程是同样的，即识别树的过程？当然，识别树只是识别植物的·种特例，因此有可能讨论中的认知过程实际上属于更具普遍性的识别植物的认知过程。因而存在许多认知过程，我们要用哪些过程来评价一个信念的可靠性和证成，这完全不清楚。

当你思考这些问题时，你应该开始明白，可靠论的批评者和捍卫者只是在为每个例子编造一种有关认知过程的描述，以便得到自己想要的结果。这里没有普遍的理论。

概括性问题是可靠论者目前尚未解决的问题。一些哲学家认为有好的解答，但仅此而已，他们当然不可能提供别的什么证明。[25]但是，由于缺乏好的解答方案，所以我们有理由怀疑可靠论的价值。

（四）关于可靠论的结论

任何有关可靠论的结论都必然是有争议的。一些哲学家相信，诸如缸中之脑之类的反驳显示了可靠论的一个根本缺陷。这些哲学家认为，可靠是证成的必要条件，这完全不是事实。然而，可靠论者并不是没有可能做出回应。请注意，这个反驳依赖于这样的预设，即布瑞恩使用了一种不可靠的认知过程来形成他的信念，因为他的信念在很大程度上是错误的。然而，一个人不需要以这种方式来评价一个过程的可靠性。或许布瑞恩使用的过程可被当作可靠的，因为它跟我们使用的认知过程是一样的，而我们的认知过程是可靠的。[26]此外，对可靠论用于特定例子的可能后果的任何评价，都依赖于如何解答概括性问题，但对这个问题的解答依然充满争议。可靠论者至少还有一些需要解答的难题，这样说是有把握的。

还有最后一点值得一提。我们在第三章讨论了相同证成原则。可靠论似乎与这个原则有矛盾，尽管如何辨别认知过程和如何衡量可靠性的难题使这一点并非完全清晰。似乎清楚的是，一个认知过程在一种情况下是可靠的，而在另一种情况下却可能是不可靠的。如果这确实是可能的，那么可靠论将会意味着：两个相信者拥有相同的内在状态，即两个人因相同的理由而相信相同的事情，他们的信念在证成上却可能有所不同。缸中之脑的例子利用的就是可靠论的这种后果。一些哲学家认为，任何违反相同证据原则的证成理论都必然是错误的。但可靠论者倾向于认为，对这一原则的忠诚是错误的。

还有些可靠论者认为，当涉及怀疑主义时，他们理论的优点就显示出来了。我们会在第七章简短地讨论这个话题。

四、恰当功能

（一）大致意思

我们接下来讨论最后一种非证据主义理论。这种理论的大意是，当一个信念来自相信者认知系统的恰当功能时，它就是有证成的。为了理解这种想法的意义，首先考虑跟认知和信念形成无关的东西，这将是很有帮助 *100* 的。比如，考虑一下心脏。可以合理地说，一个人的心脏"应该"执行某种功能。它应该在一定频率范围内跳动，应该以满足身体需要的方式给身体各处泵血，如此等等。没有必要假定心脏的恰当功能是某人决定它应做什么的结果。相反，这是一个关于它在维持生命中的作用的生物学事实。当然，一些有神论者会说，心脏的恰当功能确实是有意设计的结果，但我们这里不需要做这样的假设。心脏的恰当功能是由上帝决定的，还是由"孕育万物的大自然"决定的，目前是不重要的。重要的是，有执行恰当功能的心脏这种东西。

恰当功能观念同样适用于认知。有一种人类认知系统"应该"发挥作用的方式。这并不是说我们应该相信一些具体命题，而只是说我们应该以某种方式形成信念。我们被设计成要使用知觉和记忆。我们被设计成要做某些种类的推论。我们相信哪些具体事情将取决于我们自己的具体情况。当然，有时我们的系统运作得不太好，正如一个人的心脏不能总是恰当地工作一样。恰当功能论认为，当一个人的认知系统产生一个信念时，这个信念是有证成的，当且仅当，这个系统在产生这个信念的过程中执行了恰当功能。

恰当功能似乎被合理地认为是一个系统的一种复杂的描述性特征。因此，如果证成可以用它来解释，那么我们就有了一种关于描述性条件的解释，在这种条件下，一个信念拥有被证成的评价性特征。可靠论认为，证成取决于产生信念之过程的可靠性，而恰当功能论认为，证成取决于执行恰当功能的系统。

（二）阐释恰当功能论：普兰丁格的理论

恰当功能论的首要捍卫者是阿尔文·普兰丁格（Alvin Plantinga）。他就这个主题写了大量著作，下面对他的观点的讨论只会浅尝辄止。普兰丁格在下面这段话中清晰而简明地阐释了他的理论：

> ……一个信念对我是有保证的，仅当（1）在适合我的各种认知官能的认知环境中，它已通过我的恰当工作的认知官能（按它们应该如何的方式发挥作用，没有遭受认知功能失调）而产生，（2）控制这个信念产生的设计方案的部分是以产生真信念为目标的，并且（3）在这些条件下产生的信念将是真的，这有很高的统计概率。[27]

下面依序给出几条初步评论。

1）在这段引文中，普兰丁格谈论"保证"而非"证成"。我们会将这两个术语看作等同的，尽管普兰丁格可能会对分析跟"证成"稍有不同的某个概念感兴趣。也许最好的说法是，我们正在让普兰丁格的想法适应一种证成理论。

101

2）在这段引文中，普兰丁格说，一个信念是有保证的，"仅当"他提到的那些条件得到满足。他并没有说这些条件对于保证是充分的。但在其他地方，他确实说这些条件是充分的。[28]

3）普兰丁格在其解释的条件（1）中包含了这样的观点，即认知系统必须处于"适合"或适宜该系统的环境中。一个例子将说明其原因。假设一颗人的心脏从一个人身上取出，并被植入一只鹰的身体。很可能，事情不会很顺利。但很难说人的心脏应该如何在这种环境中工作。它根本就不是被设计在那里的。说它出现了功能障碍会有点奇怪。同样，根据普兰丁格的理论，人类的认知系统是被设计用来在特定种类的环境中工作的。当它在这些环境中恰当地发挥作用时（如果其他条件也得到满足），它就会产生有证成的信念。在另外的环境中，它就不会产生有证成的信念。或许，特别的是，它不是被设计用来在缸中之脑或其他极端不正常的环境中发挥作用的。

4）普兰丁格在他的条件（2）中加入了这样的要求，即"控制这个信念产生的设计方案的部分是以产生真信念为目标的"。这就产生了一些棘手的问题，其中一些问题会在对这个理论的批判性讨论中被简短地提到。这一要求背后的想法如下：我们可以假设我们的认知系统应该以一种最能让我们生存下来的方式发挥作用，或者，也许以一种最好地增加我们的基因被遗传的机会的方式发挥作用。无论我们如何确切地理解这一点，似乎清楚的是，我们并不是被设计成只形成认知上有证成的信念。举一个例子，我们有对我们的孩子有利的信念，这完全是很自然的，它是我们的设计方案的一部分。某种偏见可能被内置于其中。但是，由这种特征所产生的信念在认知上并非总是有证成的。另一个例子涉及乐观态度。我们可能被设计成在某些情况下有些过于乐观。这样的一些信念不是功能故障的结果，但它们在认知上是没有证成的。普兰丁格的想法是要把我们认知系统的不同部分区分开，有些部分是为了让我们获得对我们周围世界的真信念，有些部分有着与此不同的目标。只有以真理为目标的那部分系统才产生证成。[29]

5）非常粗略地说，普兰丁格解释中的最后一个条件是一个总体可靠条件。假设某人实际处于设计一个认知主体的境况中。如果你喜欢，假定某人正在设计一个机器人，并且这个机器人有对它所处世界的信念。进一步假定设计者是完全无能的，他在这个机器人中构建了一个完全把事情搞错的系统。然后，这个机器人可能会按照它被设计的那样形成信念，它恰当地发挥功能，但将所有的事情都搞错了。从直觉上看，这样一个设计拙劣的机器人不会有得到证成的信念，尽管普兰丁格解释的条件（1）和（2）得到了满足。条件（3）应该是为了处理这种情况。

我们可以将恰当功能论总结为如下公式化表达：　　　　　　*102*

PF. S 的信念 p 是有证成的，当且仅当，(i) S 的信念 p 是 S 的认知系统在适当的环境中恰当地执行其功能的结果，（ii）产生这个信念的认知系统部分是以真理为目标的，并且（iii）当这个认知系统处于适当的环境中时，整个系统通常产生的是真信念。

像可靠论一样，恰当功能论可以合理地处理一个给温和基础主义带来麻烦的问题。温和基础主义者曾被紧追不放地要求准确解释为何知觉信念是有证成的。在我们的讨论中，温和基础主义理论最终使用了有些信念"恰当地基于"经验的观念。相反，恰当功能论可以说，我们被设计成基于我们的经验来形成这些信念。即是说，当我们看见某个红色的东西时，我们被设计成相信我们面前有某个红色的东西。对其他信念也是如此。

与融贯论不同，恰当功能论在解释证成时给经验提供了一个适当的角色。正如刚才提到的，有些信念是对经验的反应，当这些反应像它们被设计的那样时，这些信念就是有证成的。

普兰丁格的理论是新颖而有趣的，但并非没有问题。接下来将讨论其中的一些问题。

（三）对恰当功能论的反驳

反驳 1. 偶然的可靠

鉴于对相关类型的直观解释，可靠论的问题之一是偶然的可靠问题。这个问题的产生是因为一个信念形成过程可能是偶然地可靠的。由它产生的一些信念是没有证成的，然而可靠论似乎意味着它们是可靠的。普兰丁格正好对可靠论提出了这个反驳。他喜欢生动有趣的例子，下面是他提出的一个例子：

例子 5.10　宇宙射线

假定我被一阵突如其来的宇宙射线击中，造成了如下不幸的功能故障。在任何语境中，每当我听到"prime"这个词时，对于一个随机选择的小于 100 000 的自然数，我都会相信它不是质数（prime）。因此，你说"加州宝马山花园（Pacific Palisades）是最好的（prime）居住区"或者"我最喜欢上肋（prime rib）"……对于随机选择的 1 到 100 000 之间的一个自然数，我就形成它不是质数（prime）的信念。[鉴于不是质数（non-prime）的自然数占绝大多数] 我们所讨论的过程或机制实际上是可靠的，但我的信念——比如说，41 不是质数——很少或根本没有积极的认知地位。问题不只是这个信念是错误的；我的（真）信念 631 不是质数（prime）也是如此，如果它是以这样的方式形成的。因此，对积极的认知地位而言，可靠的信念形成过程是不够的。[30]

请考虑普兰丁格的理论是如何处理这个例子的。有人可能会认为，恰当功能要求把以这种方式产生的信念排除在有保证的信念之外。当然，我们没被设计成以这样的方式来推理。但普兰丁格的理论应该涵盖了证成的一般观念，因此它也应该适用于可能的例子中的其他存在物。（很明显，这个普兰丁格用来反对可靠论的例子也仅仅是可能的而已。）因此，假定一个不完全胜任的认知系统设计者，或者一个患有某种严重糊涂症的人，设计了一个机器人，这个机器人通常有合理而准确的信念，但也在其系统中建构有异乎寻常的部分，这使它完全像普兰丁格在其例子中所描述的那样工作。这个机器人恰好以普兰丁格所描述的方式形成了某个信念。这个信念源自这个系统在预期环境中的恰当功能，它以真理为目标，并且这个系统通常是可靠的。这对（PF）是个问题，看起来就跟这对可靠论是个问题一样。当然，这个例子涉及认知系统的混乱设计者，因而有些不切实际。但这并不会影响这个例子的效果。

反驳 2. 恰当功能与良好功能

某种东西如其被设计的那样发挥功能与功能发挥良好是有区别的。一个设计不佳的系统可能会如其被设计的那样发挥功能，但却不能很好地发挥功能。当考虑有意识的主体所设计的事物时，这一点会很清楚。假定一些人生产了一辆动力不足的汽车。他们看到它加速非常缓慢。他们可能会说，一方面：

> 这辆汽车如其被设计的那样运转。没有功能故障。（鉴于它的设计方式）它正在做它恰好应该做的事情。

但另一方面，他们也可能会说：

> 这辆汽车跑得不是很好。它加速太慢。

换句话说，这辆汽车（如其被设计的那样）可恰当地发挥功能，但其功能不是很好。

如果恰当功能与良好功能之间确实存在区别，那么认知证成的恰当功能论就会遇到麻烦。当一个系统恰当地发挥功能时，它是否形成有证成的信念取决于这个系统是否设计良好。如果它是一个设计良好的系统，那么有证成的信念将产生于恰当功能。但如果设计得不好，就可能出现分歧。因此，考虑一个设计欠佳的系统是有好处的。

设想这样一种情况，你在一些证据的基础上形成了某个信念。你得出一个推论，或许是自动得出的。然后一个批评者指出你的结论是没有证成的，因为它没有真的很好地得到你的前提的支持。假设你回答说："好吧，如果我们以另外的方式形成信念，也许会更好。但是我们没有。那就是我们的推理方式。我们的系统就是那样设计的。所以，我的信念是有证成的。"当你得出糟糕的推论时，你可能真没有出现功能障碍，正如这辆设计不佳的汽车在加速缓慢时没有出现功能障碍一样。或许这就是我们形成信念的方式。但这并不能得出结论说，你的信念是有证成的。也不能得出结论说，这是一种良好功能。要把这种情况转变成对普兰丁格的理论的一个反驳，我们只需添加一点，即特定的错误推论是一个总体上可靠的系统的一部分。让我们加上这个假设。

对（PF）的反驳是，当我们的系统恰当地运行时，我们的信念是否有证成，这完全是一个偶然性的问题。如果我们完全被设计得很好，那么也许每当我们恰当地发挥功能时，我们就确实有得到证成的信念。但是，按照设计的功能运作并不是能让信念有证成的东西。要是我们的系统设计得不是很好，那么即使满足了总体可靠条件，按照设计的功能运行也不会产生有证成的信念。

这一点引出了一个相关的反驳。假设我们的设计中有一个缺陷，它会导致我们在某些情况下形成错误的信念。进一步假设一些人能够克服这个缺陷，并且做得比他们被设计的更好。比如，我们有理由认为，就从事某些概率推理而言，人们所受的先天设计就不是很好。我们使用各种便捷方式和简化方法，这些方法很方便，但不是很正确。[31]假设有些人设法做得比设计所要求的更好，他们弄出了一种改进固有倾向的方式。如果恰当功能是按照设计的功能运作，那么改进了自我设计的这个人就没有按照设计的功能运作。因此，恰当功能论有一个令人难以置信的后果，即这个人的信念是没有证成的。

有人可能倾向于说，改进设计的人是在恰当地发挥功能。但这样说，就必须给"恰当"这个词一种不同于已用含义的解释。一种可能性是说，当一个认知系统形成了由系统可用的证据支持的信念时，它就是在恰当地发挥功能。但这样说，当然是回到了一种证据主义的理论。恰当功能论意在成为证据主义的对手，而不是证据主义的一种术语变体。因此，这似乎是一种毫无希望的方式。

毫无疑问，恰当功能论的捍卫者能够对这些反驳做出回应，但这些反驳至少是值得考虑的。然而，公正地说，恰当功能论面临的重大挑战已经出现。[32]

（四）关于恰当功能论的结论

经过显然的过度简化后，恰当功能论认为，一个信念是有证成的，只要这个信念是相信者的认知系统的恰当功能之结果，在此，该系统被认作是按照它被设计功能的方式来运作的，即按照它应该发挥功能的方式来运作的。关于这个理论，这里要得出的一些结论如下：

1. 在基础信念的解释方面，恰当功能论似乎比证据主义理论更有优势。[33]

2. 普兰丁格用来批评可靠论的一个例子的变体似乎可适用于批评他自己的理论。　　*105*

3. 设计的功能与良好的功能之间是有差异的。恰当功能论利用了前一个观念来界定证成。如果我们只聚焦于设计得很好的存在物，那么设计的功能和良好的功能就是一致的。但是，当一个存在物被设计得不好时，它的恰当功能就不会太好，恰当功能论就会有一个错误的结果，即当它遵照这个不好的设计而运作时，它形成了有证成的信念。恰当功能论所包含的总体可靠条件也未能解决这个问题。

五、结论

我们在本章考察了对知识和证成的四种非证据主义解释。忽略其细节，这些理论可以被概括如下：

1. 因果论认为，当一个真信念所涉及的事实以适当的方式跟这个信念有因果联系时，这个信念就是知识的实例。

2. 跟踪论认为，如果一个人使用同样的方法形成信念，当这个人对某个特定命题的信念跟踪这个命题的真理时，这个人就拥有关于这个命题的知识。

3. 可靠论认为，如果一个信念来自可靠地导致真信念的信念形成过程，这个信念就是有证成的。

4. 恰当功能论认为，如果一个信念是相信者的认知系统之恰当功能的结果，这个信念就是有证成的。

这些理论都遇到了严重的困难。有可能有知识而无因果联系，也可能有因果联系而无知识。人们可以有知识而不是真理跟踪者，人们也可以是真理跟踪者但却没有知识。有证成的信念可以来自总体上可靠的认知过程，可靠的过程也可以产生没有证成的信念，鉴于对哪些过程算作相关过程的适当假设。恰当地发挥功能的认知系统可以有无证成的信念，而没有恰当地发挥功能的系统也可以产生有证成的信念。

当然，本章所考虑的这些理论都还有修正和改进的余地。这些理论有可能发展出一些变体，从而避免已提到的那些问题。然而，我们可以合理地认为，这些理论的错误之处在于，它们低估了理由、证成和证据在知识解释中的作用。如果这是事实，那么温和基础主义就会成为这里出现的理论中最合理的一个。

本章讨论的每一种理论，也包括温和基础主义，似乎都为标准看法提供了支持。因果论者会说，标准看法认作知识的那些信念是与它们所涉及

的事实有正确因果联系的信念。跟踪论者会认为，我们跟踪了那些命题的真理性。可靠论者会声称，我们对那些命题的信念是由可靠的认知过程引

起的。恰当功能论者会宣称，那些信念源自我们认知系统的恰当功能。正如我们在第四章所看到的，温和基础主义者会说，我们的基础信念是对我们经验的恰当反应，并且（根据标准看法）我们所知道的其他东西是通过好的推理从那些有证成的基础信念中推导出来的。

因此，所有这些观点似乎都对标准看法提供了某种支持。在接下来的章节中，我们将考察对标准看法的一系列反驳。这些反驳一般都可以被表述为最直接地适用于温和基础主义。然而，至少在某些情形中，这些反驳可以被重新表述，以便适用于这些观点中其余的某个特定观点。我们接下来就讨论这些反驳。

注　释

［1］这个理论的另一个可供选择的相关理论，将在本书第七章的结尾处讨论。

［2］Alvin Goldman. A Causal Theory of Knowing. Journal of Philosophy，64（1967）：357－372. 也参见：David Armstrong. Belief, Truth and Knowledge. London：Cambridge University Press，1973。

［3］Alvin Goldman. A Causal Theory of Knowing. Journal of Philosophy，64（1967）：372.

［4］Ibid., p. 369.

［5］Ibid., pp. 369－370.

［6］戈德曼意识到了这种问题，并为它提供了一些解决方案，参见：Ibid., pp. 368－369。我们不在这里讨论他的回应是否充分。

［7］思克姆斯提出了一个像这样的例子，参见：Bryan Skyrms. The Explication of "X knows that p". The Journal of Philosophy，64（1967）：373－389。

［8］戈德曼自己提出了一个与此类似的例子，参见：Alvin Goldman. Discrimination and Perceptual Knowledge. Journal of Philosophy，73（1976）：771－791，第二部分。

［9］Robert Nozick. Philosophical Explanation. Cambridge，MA：Harvard University Press，1981：chapter 3.

［10］为了避免不必要的复杂，在此修改了诺齐克表述中的一些细节。

［11］Robert Nozick. Philosophical Explanation. Cambridge，MA：Harvard University Press，1981：178.

［12］诺齐克提出了这个例子，参见：Ibid.，p. 179。他继续以下面所讨论的方式修改了这个理论。

［13］不清楚这种修改是否能处理另一个反驳。有可能你是一个真理跟踪者，但却没有知识。如果我把事情安排成让你对某个话题的猜测总是正确的，那么你的信念就可能跟踪真理。如果你对此没有得到任何反馈，即你没有意识到你的猜测是正确的，那么你就是一个真理跟踪者，但缺乏相应的知识。

［14］Robert Nozick. Philosophical Explanation. Cambridge，MA：Harvard University Press，1981：179.

［15］使用这种方法，当实际上没有发生抢劫时，她永远不会认为那里有抢劫，这可能是真的。她只会错在另一个方向：当实际上有抢劫时，她可能会认为那里没有。但跟踪论要求她在这两个方向都是正确的。

［16］克里普克尚未发表的论文。

［17］Alvin Goldman. What is Justified Belief? // G. S. Pappas，ed. Justification and Knowledge. Dordrecht：D. Reidel，1979：1-23.

107

［18］科恩提出了这个问题，参见：Stewart Cohen. Justification and Truth. Philosophical Studies，46（1984）：279-295，尤其参见第 281 页及其以下。也参见：Richard Foley. What's Wrong with Reliabilism?. Monist，68（1985）：188-202。

［19］这里的一个假设是，布莱恩用以形成对他周围世界的这些简单信念的认知过程是涵盖在 R* 之条件（i）中的独立于信念的过程。

［20］根据这个例子的一些细节，有可能结果是布瑞恩关于外部世界的一些信念为真。比如，布瑞恩被提供了"树的经验"，他可能认为附近有一棵树。如果附近真的有一棵树，布瑞恩的信念就是真的。在这个例子中，布瑞恩是一个类似于葛梯尔例子中的受骗者。

［21］Alvin Goldman. What is Justified Belief? // G. S. Pappas，ed.

Justification and Knowledge. Dordrecht：D. Reidel，1979：20.

［22］这里有一个难题：如何衡量一个导致悬置判断之过程的可靠性？

［23］Laurence BonJour. The Structure of Empirical Knowledge. Cambridge：Harvard University Press，1985：41.

［24］这里提出的问题在如下文章中有更详细的讨论：Richard Feldman. Reliability and Justification. Monist，68（1985）：159-174。

［25］有一种辩护想让可靠论免于这里提出的这个反驳，参见：William Alston. How to Think About Reliability. Philosophical Topics，Spring 1995：1-29。对威廉·阿尔斯顿（William Alston）的一种回复，参见：Earl Conee，Richard Feldman. The Generality Problem for Reliabilism. Philosophical Studies，89（1998）：1-29。

［26］对这个问题的讨论，参见：Ernest Sosa. Virtue Epistemology. Chapter 7//Blackwell Great Debates：Epistemology：Internalism Versus Externalism。即将出版。

［27］Alvin Plantinga. Warrant and Proper Function. New York：Oxford University Press，1993：59.

［28］Ibid.，pp. 22-23，267.

［29］这可能给恰当功能论带来一个问题，它类似于可靠论所面临的概括性问题。普兰丁格则认为不然。参见：Ibid.，pp. 35-36。

［30］Alvin Plantinga. Warrant：The Current Debate. New York：Oxford University Press，1993：265.

［31］我们将在本书第八章考虑一些相关问题。

［32］关于这个理论的进一步讨论，参见：Jon Kvanvig, ed. Warrant in Contemporary Epistemology：Essays in Honor of Plantinga's Theory of Knowledge. Lanham, MD：Rowman & Littlefield，1996。

［33］值得考虑的是：在非基础信念和怀疑主义问题上，它如何与温和基础主义进行比较？我们会在本书第七章讨论这个问题。

第六章　怀疑主义（上）

108　　我们现在转到第一章所描述的标准看法的第一种替代方案，即怀疑主义看法。至少追溯到古希腊时代，哲学家们就已将大量的思想投入关于怀疑主义的论证，怀疑主义认为我们没有或不可能有知识。虽然大多数哲学家都不太可能接受支持普遍怀疑主义的论证，但许多人确实发现这些论证很有趣。一些非怀疑主义者认为，怀疑主义的论证至少是令人不安的，因为它们对基于标准看法的知识声称提出了一系列的严重质疑。另一些非怀疑主义者确信，我们确实知道标准看法所说的那么多的东西，但仍然感到怀疑主义的论证具有挑战性。对这第二组非怀疑主义者①而言，你很明显知道一些事情，诸如你正在读一本书，你刚吃了晚饭，你昨晚看了电影，你的窗外有一棵枫树。然而，他们在审查一些怀疑主义的论证时发现，要找出它们错在何处并不是一件容易的事情。对他们来说，怀疑主义的挑战是辨识这些论证的毛病。在审查这些论证时，我们将尝试回答第一章的问题 Q4：我们对怀疑主义的论证是否有什么好的回应？

　　怀疑主义提出的问题主要是：我们对日常信念的理由是否好到足以产生知识？这个问题对那些接受证据主义的证成理论的哲学家可能比对那些接受非证据主义证成理论的哲学家更具吸引力。假如知识和证成需要的是因果联系，或跟踪真理，或可靠性，或恰当功能，而不是证据或好的理由，那么即便我们对信念的理由不是那么好，我们仍然可以拥有知识和证成。这些非证据主义理论的捍卫者将在很大程度上（尽管可能不是完全）

109 拒绝考虑怀疑主义的论证，理由是这些论证依赖于关于知识要求什么的（他们认为的）错误观点。一些非证据主义理论的捍卫者可能认为，这样

---

　　① 即前文刚刚提到的"另一些非怀疑主义者"。——译者注

来避免怀疑主义的问题是他们理论的一个优点。另外，这些理论的批评者倾向于认为非证据主义理论有缺陷，因为它们回避了而不是解决了怀疑主义的问题。[1]

无论如何，即使是那些接受非证据主义理论的人，也可能有理由思考怀疑主义论证的价值。毕竟，这些论证对我们日常信念的理由的质量提出了一些难题。这本身就是很有趣的，无论其答案对知识有什么后果。要是我们知道我们的理由不是那么好，那么即便知识不需要好的理由，也会令人感到不安。

一、怀疑主义的种类

（一）全域怀疑主义与局域怀疑主义

不同种类的怀疑主义在否认有知识的领域或范围上有所不同。全域怀疑主义认为，没有人知道任何事情。它的范围是普遍的。相比之下，局域怀疑主义否定了某些领域或主题的知识。因此，对关于未来的知识持怀疑态度的人认为，从来没有人知道未来的任何事情。对宗教持怀疑态度的人认为，从来没有人知道有关宗教的任何事情。

差不多每个人都是某种局域怀疑主义者。即是说，我们每个人都认为，有某类命题，没有人知道这类命题的真理。比如，考虑描述地球上每一个大沙漠中沙粒的精确数量的命题。其中一个命题的形式是"撒哈拉沙漠恰好有 n 粒沙子"，另一个命题的形式是"莫哈韦沙漠恰好有 x 粒沙子"，如此等等。几乎每个人都会同意，没有人知道这些命题中的任何一个是真的。因此，几乎每个人都是"沙漠怀疑主义者"。还有许多其他类别的命题，我们可以同意说：其中没有任何一个命题，我们知道它是真的。因此，我们都认为某些形式的局域怀疑主义是正确的。

另外一些形式的局域怀疑主义会产生更加困难的问题。一些哲学家论证说，我们不知道任何知觉命题是真的，或者我们不知道以记忆为基础的任何东西。这些形式的局域怀疑主义在很大程度上挑战了标准看法。我们很快就会讲到它们。

（二）怀疑主义断言的强度

不同种类的怀疑主义做出的断言在强度上有所不同。我们将用关于未来的怀疑主义来说明这一点。关于未来的怀疑主义否认对未来的知识。关于未来的最强的怀疑主义是不可能有对未来的知识这一论题：

> SF1. 任何人都不可能知道未来的任何事情。

110　（SF1）类似于如下断言：

> 1. 任何人都不可能建造一个有 9 条边的立方体盒子。
>
> 2. 任何人都不可能是一个已婚的单身汉。

（1）是真的，理由是：有一个盒子，既是立方体又有 9 条边，这是不可能的。这并不像说，一个比任何实际的人更聪明、更足智多谋的木匠，就可以做出这样的盒子。这种盒子本身并不属于可能存在的东西。因此，无人能造得出。同样，（2）是真的，理由是：不可能有一个已婚的单身汉。这不像说，一个人只要更努力或更足智多谋，就可以成为一个已婚的单身汉。根据定义，单身汉是没有结婚的。对此，没有任何人可做任何事。关于知识的类似断言是，对未来的知识在某种程度上是一个矛盾的概念，因此不可能有这样的知识。但是，在这种情况下，这并不是人们的任何具体的弱点。这并不像说，某种更聪明的生物就可以拥有对未来的知识。[2]

关于未来的第二种怀疑主义是一种关于人们实际能力的看法：

> SF2. 没有人能知道未来的任何事情。

（SF2）与如下断言类似：

> 3. 没有人能在两分钟内跑完 1.6 公里。

（3）是真的，但不是因为人们那么快地跑完 1.6 公里这个概念有矛盾。人们没有这种能力，再多的训练也无法让任何人做到这一点，这只是一个事实问题。两分钟内跑完 1.6 公里超出了人们的能力范围。同样，（SF2）说，对未来的知识超出了人们的能力范围。

最不极端的怀疑主义只是说，我们缺乏知识，保留了我们可以拥有知识的可能性。应用到对未来的知识，最不极端的怀疑主义就是如下论题：

SF3. 没有人知道未来的任何事情。

大多数怀疑主义的论证最好被解释为有关我们能力的论证，因此是像（SF2）那样的一些怀疑主义形式的论证。棘手的问题是关于我们能力的一些局域怀疑主义的论证的。正如我们将很快看到的，找到理由认为人们不能知道事物，或者至少不能大量地知道他们周围的世界，这并不太难。

二、怀疑主义者主张什么

本节审查对怀疑主义看法的两个潜在的误解。 *111*

（一）我们不知道的真理

人们有时会说对其他星球上有生命存在持怀疑态度，但这种怀疑主义与这里讨论的知识论上的怀疑主义几乎没有关系。对其他星球上的生命持怀疑态度的人，怀疑的是其他星球上是否有生命。因此，他们当然怀疑是否有人知道其他星球上有生命。然而，他们的根本主张并不在于我们缺乏知识。他们的根本主张涉及的是宇宙中有什么东西存在。他们甚至可能认为，如果其他星球上有生命的话，那么我们就能够并且也会知道它。同样的观点也可源于一种更具迷惑性的情形。

假设你认为我们不能有关于伦理问题的知识：我们不能知道什么是正当的、什么是不正当的。这是一种伦理怀疑主义。伦理怀疑主义有两种非常不一样的版本。

ES1. 有伦理上的真理，但我们不可能知道它们是什么。

根据（ES1），存在关于什么是正当和不正当的事实，但是它们超出了我们有限的认知能力范围。你可能认为，知道什么是正当和不正当就需要知道上帝的想法，但人们不可能知道这一点。或者你可能认为，要真正知道什么是正当或不正当，你就必须知道行动在无限的未来的结果，这也是超出我们有限能力的事情。

另一种伦理怀疑主义认为：

ES2. 没有伦理上的真理，因此我们不可能知道任何有关伦理的
事实。

你可能持有（ES2），因为你认为伦理问题是品位和偏好的问题。当我们
说某事是正当的或善的，我们并不是断言它有某种特殊的性质。相反，我
们是在表达我们对这件事的赞同。说"她把她的旧家具捐给了慈善机构，
这是善的"，这是以另一种方式说："为她喝彩。她把她的旧家具捐给了
慈善机构。"说"他从慈善机构偷家具，这是不正当的"，这是以另一种
方式说："呸他。他从慈善机构偷了家具。"根据这种看法，伦理交谈只
是一种态度的表达。比较一下棒球赛上的欢呼和嘘声。有关球赛的事实，
某人可能知道或不知道。但是当你的球队赢了，你欢呼的时候，欢呼本身
并不报道某种事实，而只是表达了你对已发生的事情的态度。

（ES2）可以被描述为关于伦理真理存在的怀疑主义（或怀疑）。这类
似于对其他星球上存在生命的"怀疑主义"。它不是对任何认识论问题的
看法。如果没有一定种类的事实，那么我们显然不可能知道这种事实。关
于这一点的讨论在根本上不是关于认识论问题的讨论。

112　　　相比之下，（ES1）确实是一个知识论的论题。它认为，我们形成伦
理问题的信念的方式不可能产生知识。我们可能会论证说，部分地基于知
识论的理由，这些怀疑论者搞错了知识的条件，或搞错了我们进行伦理判
断的理由的价值。需要理解的关键点是，（ES1）的捍卫者认为有些事实
是我们一无所知的。这是这里要讨论的怀疑主义。

我们主要感兴趣的是类似于（ES1）的怀疑主义看法。这些看法认
为，在某些领域存在真理，但我们不能或不知道它们是什么。我们感兴趣
的是有如下看法的怀疑主义者：他们认为，有关于过去、未来或我们周围
世界的事实，但出于这样或那样的理由，我们无法知道这些事实是什么。
如果你喜欢，那么你可以说怀疑主义者怀疑知识的存在。但他们并不怀疑
关于世界的事实的存在。他们主张我们不知道或者不可能知道它们是什
么。因此，怀疑主义看法是：有真理存在，但我们不能知道它们是什么。

（二）怀疑主义、真理和证成

怀疑主义者认为，我们不可能有（关于某个或其他话题的）知识。

如果他们是正确的，那么在相关的情形中就一定有知识的某个条件未得到满足。人们很容易困惑的是：那是哪个条件？我们在本小节将通过考察一个怀疑主义的简单论证来澄清这个问题。尽管这个怀疑主义的论证是失败的，但对它的讨论会清楚地表明：怀疑主义者是在（或应该是在）说有关知识的什么东西。

人们有时会像这样说：

> 如果你说古人不知道地球是平的，因为他们搞错了，那么你也必须说，我们不知道地球（大约）是圆的，因为我们也许搞错了。

这是一个关于论证的论证。意思是，如果关于古人的那个论证是一个很好的论证，那么另一个关于我们的论证也是一个很好的论证。关于古人的论证如下：

论证 6.1 古人对地球形状的看法

1-1. 古人相信地球是平的，这个信念是错误的。

1-2. 因此，古人不知道地球是平的。（1-1）

关于我们的所谓相似论证如下：

论证 6.2 现代人对地球形状的看法

2-1. 我们相信地球是圆的，这个信念也许是错误的。

2-2. 因此，我们不知道地球是圆的。（2-1）

关于这两个论证的论证可以这样展示：

113

论证 6.3 古人与我们

3-1. 如果论证 6.1 是有效的，那么论证 6.2 是有效的。

3-2. 论证 6.1 是有效的。

3-3. 因此，论证 6.2 是有效的。（3-1），（3-2）

（3-1）背后的观念正是 6.1 和 6.2 这两个论证同等有效：如果一个是好

的论证，那么另一个也是。（3-2）似乎明显正确，即古人搞错了，因而古人确实没有关于地球形状的知识。但论证 6.3 是无效的，因为（3-1）是错误的。论证 6.1 和论证 6.2 并不同等有效。要明白其中的原因，请注意论证 6.1 没有阐明的一个假设：

1-1½. 如果 S 的信念 p 是错误的，那么 S 不知道 p。

这个前提所依赖的事实是，知识的一个条件是真理。如果知识确实要求真理，正如它确实需要的一样，那么（1-1½）为真。考虑到这一点，以及古人搞错了地球形状的事实，论证 6.1 是好的论证。

现在考虑论证 6.2。请注意，（2-1）并没说我们是搞错了地球的形状，只是说我们也许是错误的。要从（2-1）到达论证 6.2 的结论，我们需要另一个假设：

2-1½. 如果 S 的信念 p 也许是错误的，那么 S 不知道 p。

请注意这两个前提之间的区别：

1-1½. 如果 S 的信念 p 是错误的，那么 S 不知道 p。

2-1½. 如果 S 的信念 p 也许是错误的，那么 S 不知道 p。

这两个假设明显不同。前提（2-1½）并不是说：真理条件没有得到满足，就不会有知识。它说的是：真理条件也许没有得到满足，就不会有知识。这足以让我们明白论证 6.1 和论证 6.2 不是同等的。我们可以拒绝主论证的前提（3-1）。

你可能认为论证 6.2 仍然是一个好的论证。你可能认为，（2-1½）即便不同于（1-1½），也依然是一个合理的前提。如果你也许是错的，那么你就没有相应的知识，这个观念有某种合理性。但这应该会让你们明白：怀疑主义所涉及的不是我们是否满足知识的真理条件。怀疑主义者不是在说，我们的日常信念是错误的。如果怀疑主义者想说我们没有满足真理的条件，那么他们就必须宣称真实的东西是什么。比如，如果他们想要论证说，因为我们的信念是错误的，所以我们不知道地球大约是圆的，那么他们就必须说地球并非大约是圆的。但怀疑主义者通常想要避免做出这样的断言。他们会说他们就是不知道地球的形状是什么样的。

这让我们得出了一个非常重要的结论：怀疑主义者并不是在说，我们缺乏知识，因为我们的信念全都是错误的；相反，他们说的是，我们的信念也许是错误的，这表明我们的信念证成还没有好到足以让我们拥有知识。接下来我们将详细考察几个旨在支持怀疑主义的论证。[3]

三、怀疑主义的四个论证

几乎所有怀疑主义的论证都提到了显得荒谬的一些可能性：我们被一个恶魔欺骗了，生活只是一场梦，我们是一些缸中之脑。对任何一个担心这些可能性的人，你可能建议这个人去做精神分析，而不是进行哲学反思。然而，怀疑主义看法的拥护者并未患上偏执妄想症。他们认为，这些可能性可以帮助我们看清有关我们证据之本质的某种东西，并且可以为标准看法为假这个观念提供有力的理由支撑。我们将在本节阐述他们的四个论证。

（一）错误可能性论证

请考虑笛卡尔《第一哲学沉思集》中的一段话：

> 同时我必定记得我是人，因而我处于习惯性的睡眠中，在我的梦中会出现同样的事情，有时出现的事情，即便是醒着的疯子都不大可能去做。……此时此刻，在我看来，我确实睁着眼睛在盯着这张纸；我摇晃的这个脑袋并没睡着；我小心谨慎地故意伸出我的手，并感觉到了这只手；在睡眠中发生的事情并不像所有这些事情那样清楚明白。但仔细想一想，我就想起来我多次在睡眠中被类似的假象所欺骗，仔细地思考这个回忆，我就如此明显地看到没有什么确定的标记使我能清晰地区分清醒与睡梦，这不禁让我大吃一惊。[4]

笛卡尔在这段论述中提出他正在睡梦中的可能性。他在另外的地方还提到了被一个恶魔欺骗的可能性，这个恶魔使他拥有他所具有的感觉经验。它的当代类似物是这样一种可能性：仅仅是一个液体缸（怀疑主义者的大罐）中的大脑，它联结到一个发送电脉冲的电脑，电脉冲会引起像是你周围有一个世界那样的印象。你认为你生活于其中的世界可能完全是虚假的。对于你所相信的世界上的几乎任何事情，你都有可能是错误的，因为你是这种幻觉或骗局的受害者。这为错误可能性论证提供了基础。

论证 6.4　错误可能性论证

4-1. 任何人对外部世界的（几乎）任何信念都可能是错误的。

115　4-2. 如果一个信念可能是错误的，那么它不属于知识。

4-3. 因此，任何人对外部世界的（几乎）任何信念都不属于知识（即没有人知道关于外部世界的任何事情，或者知道得很少）。(4-1)，(4-2)

这个论证说的是"几乎"任何信念，而非严格的所有信念。其理由是，有些信念不可能陷入幻觉或骗局。"我存在"就是最著名的例子，它出于笛卡尔的名言："Cogito ergo sum"（"我思故我在"）。意思是，如果笛卡尔或者你是在错误地想事情——在做梦，在被魔鬼或电脑欺骗，那么笛卡尔或者你至少必须是存在的。不存在的东西不可能做梦或者犯错误。因此，你的信念你存在，这是不可能有错的。

有些人认为，甚至有更多的信念没有出错的可能性。或许简单的数学信念是免于这种错误的。笛卡尔式基础主义者认为，关于一个人自己心灵内容的信念可免于这个论证所挑起的怀疑主义担忧。无论（4-1）中的"几乎"一词排除的是什么，很多东西都被包括在可能有错的范围内。没有"确定的标记"区分梦觉与现实，或者恶魔的欺骗与现实，这就表明我们可能搞错的事情非常多，包括标准看法认为我们知道的很多东西。因此，似乎（4-1）显然为真，尽管究竟它包括些什么还存在问题。所有关于外部世界的信念都被包括在"几乎"一词中。因此，这个论证旨在支持对外部世界的怀疑主义。这种怀疑主义足以引起我们的担忧。

这个论证的关键前提是（4-2）。其背后的观念似乎是，对于某件事情，如果你有可能搞错，那么你就不是有证成地相信它，因而不可能有对它的知识。在陈述完其他论证之后，我们将讨论这个前提。

（二）不可分辨论证

梦觉、恶魔、缸中之脑及诸如此类的怀疑主义情景揭示了这样一种可能性，即事情可能看似跟它们实际的状况一样，而外部事物却有很大差异。换句话说，世界在一个缸中之脑看来，可能正好跟一个日常世界中的普通人（一个脑袋里的大脑）眼中的世界是一样的。更加平淡和现实一些的例子揭示了类似的可能性。

例子 6.1 调查[5]

琼斯侦探正在调查一起犯罪。她有完全对等的证据证明布莱克和怀特这两个人是无罪的。这是很有说服力的证据，即在标准看法看来足以成为知识的那种证据。但这并不是绝对确凿的证据，即有搞错的可能性。尽管有这样的证据，但怀特实际上有罪。怀特收买了证人为他撒谎并伪造了表明他无辜的额外证据。

请考虑：

116

a. 布莱克无罪。

b. 怀特无罪。

在琼斯看来，（a）和（b）完全是对等的。似乎每一个都很明显是真的，并且这不是因为琼斯有任何偏见或错误。（如果这有帮助的话，假定琼斯有好的理由认为第三人是有罪的。）根据一个不可分辨原则，说琼斯在一种情形中有知识而在另一种情形中没有知识，这是荒唐的。其意思是，属于知识的情形与不属于知识的情形看起来必须有所不同。换句话说，你确实知道某事的情形与你不知道某事的情形不可能是"在内省上不可分辨的"。这个原则意味着：琼斯要么既知道（a）又知道（b），要么既不知道（a）也不知道（b）。但是，因为（b）是假的，所以她肯定不知道（b），因此她也不知道（a）。

这个论证利用了两个观念。第一个观念是可错证据的观念。p 的可错证据是在逻辑上跟 p 为假相容的证据。在这个例子中，尽管琼斯有证据，但怀特仍可能有罪，因此她的证据是（b）的可错证据。因为她对（a）的证据与她对（b）的证据是对等的，所以她对（a）的证据也是可错证据。

这个论证用到的第二个观念是在内省上不可分辨的情形之观念。从主体的角度看，这些情形看起来完全一样。这个观念有两个变种。我们可以设想两种情形，在这两种情形中，琼斯基于完全相同的理由而相信（a），但在一种情形中（a）为真，在另一种情形中（a）为假。这些是在内省上不可分辨的情形，在这些情形中她的信念有不同的真值。这个观念的另一种运用是像这个例子起初所描述的那样，将其运用于琼斯对怀特和布莱克的信念。尽管这些信念有差异，即它们涉及的是不同的人，但我们认为没有内在的理由去赞同一个信念而不赞同另一个。从琼斯的角度看，它们完全对等。这种情形也是在内省上不可分辨的情形。

正如我们在前面的章节中所看到的，我们对任何事情的证据几乎都是可错的。怀疑主义情景表明了我们如何可能在几乎所有的事情上都是错的，不管我们有什么样的理由。这还表明：可能有这样的情形，其中的错误信念与正常情形中我们的正确信念之间在内省上是不可分辨的。我们会将事情搞对的正常情形与我们会以这样或那样的方式受骗的可能情形之间在内省上是没有差别的。

这些是关于如下怀疑主义论证的资料：

论证 6.5　内省上的不可分辨论证

5-1. 如果一个人可以基于可错的证据而拥有知识，那么属于知识的情形与不属于知识的情形就可以是"在内省上不可分辨的"。

5-2. 属于知识的情形与不属于知识的情形在内省上是不可分辨的，这是不可能的。

5-3. 一个人不可能基于可错证据而拥有知识。(5-1)，(5-2)

5-4. 但我们对关于外部世界的任何命题所拥有的证据都是可错的。

5-5. 我们不可能拥有关于外部世界的任何知识。(5-3)，(5-4)

(5-1) 确实为真，看到这一点是很重要的。(5-2) 就是不可分辨原则。(5-3) 是从 (5-1) 和 (5-2) 推导出来的。(5-4) 无疑是真的。结论是从 (5-3) 和 (5-4) 推导出来的。因此，(5-2) 就是这个论证的关键前提。

（三）确定性论证

在所有怀疑主义的论证中，确定性论证可能是最简单的。

论证 6.6　确定性论证

6-1. 如果 S 知道 p，那么 S 绝对地确信 p。

6-2. 从来没有人对关于外部世界的任何事情是绝对地确信的。

_____

6-3. 没有人知道关于外部世界的任何事情。

在思考这个论证时，将心理上的确定性与认知上的确定性区分开，这是有帮助的。心理上的确定性关系到一个人的感觉如何，即一个人的确信的强度。心理上的绝对确信是尽可能确信某事为真的感受。认知上的确定性关系到的是一个人的理由的强度。认知上的绝对确定性是有最强的理由。论证 6.6 是有关后者的。如果论证 6.6 是有关心理确定性的，那么第一个前提会说：如果一个人知道某事，那么这个人对它感到绝对的确信。而第二个前提会说：没有人对外部世界的任何事情感到绝对的确信。但或许有些人对某些事情确实感到确信。这个事实对原本的怀疑主义论证几乎没有损害。这个论证的意思是，这种确定性的感觉并不是有保证的或有证成的。对外部世界的任何事情，没有人有认知上的绝对确定性。[6]

当理解了这个论证，那么（6-2）说的就是，没有人在认知上是绝对地确信关于外部世界的任何事情。怀疑主义情景似乎表明这是真的。它们提出了怀疑关于外部世界的命题的一些理由。这足以表明（6-2）是真的。

这使（6-1）成为这个论证的关键前提。知识要求有认知上的绝对确定性吗？

（四）传递性论证

最近，另一个怀疑主义的论证引起了哲学家们的极大关注。[7]这个论 *118* 证依赖于一个似乎完全合理的前提：如果你知道一件事，并且你知道第二件事肯定能从第一件事推导出来，那么你就可以知道第二件事。这个原则连同怀疑主义情景，为怀疑主义的第四个论证即传递性论证提供了基础。这个论证的要旨是：我们日常相信的事情意味着怀疑主义情景是错误的。

因此，根据刚才提到的原则，如果我们意识到这一点，并且在日常情况下我们有知识，那么我们就可以演绎出并由此而知道：怀疑主义情景是错误的。但是，根据传递性论证，我们不知道怀疑主义情景是错误的。你知道你不是一个缸中之脑吗？你如何能知道这种事情？如果你不知道，那么你就不知道你以为自己知道的那些日常事物。

下面会展示这条思路如何应用于一个特定的例子。回想一下例子5.8，即缸中之脑。假设布莱恩是（或者至少在他自己看来是）这个世界上的一个平常人。考虑某个怀疑主义假设：

> BIV. 布莱恩只不过是一个连接着人工生命机器的缸中之脑。

（BIV）中的"只不过"一词意在表示布莱恩只是一个大脑，没有完整的身体。布莱恩如果只不过是一个大脑，那么就没有手臂。现在，考虑某个日常命题，比如：

> BA. 布莱恩有手臂。

如果布莱恩知道（BA），那么他知道（BA）的基础是我们都有的那些种类的日常经验。假定他确实知道（BA）。假定布莱恩也知道足够多的逻辑学，以便意识到（BA）蕴含着他不只是一个缸中之脑。换句话说，它蕴含着（BIV）为假。然后，布莱恩可以利用自己对手臂的知识，加上自己的逻辑知识，演绎出（BIV）为假。但一个怀疑主义者会说，布莱恩不可能知道（BIV）为假，至少不能以这种方式知道。因此，必然是布莱恩根本不知道（BA）。

刚才提出的思路可作一般化概括。让（O）表示标准看法认为我们知道的任何关于外部世界的普通命题。让（SK）表示任何与（O）不一致的怀疑主义假设。因而（O）会蕴含（SK）为假。让 S 代表任何一个知道（O）蕴含（SK）为假的普通人。

论证 6.7　传递性论证

7-1. S 不可能知道（SK）为假。

7-2.（O）蕴含（SK）为假，并且 S 知道这一点。

7-3. 如果 S 知道（O）为真，并且知道（O）蕴含（SK）为假，那么 S 可以知道（SK）为假。

7-4. S 不知道（O）。（7-1）－（7-3）

鉴于我们对这个例子的设定，前提（7-2）显然为真。重要的是要明白， *119*
即便 S 只不过是一个缸中之脑，S 仍然可以知道命题之间的逻辑联系。因
此，（7-2）中归于 S 的逻辑知识并不会因 S 是缸中之脑的可能性而受到
威胁。（7-3）是一种传递性原则。[8] 它说知识可以通过已知的逻辑蕴涵来
传递。尽管这一原则的细节可能有些可疑之处，但其基本观念似乎是正确
的。如果你知道一件事，并且你知道它蕴涵另一件事，那么你就可以通过
从前者推导出后者而知道后者。前提（7-1）似乎是正确的，至少对许多
知识学家是如此。我们将在后面更细致地讨论它。

四、对怀疑主义的回应

四个怀疑主义论证中的每个论证都有一个彻底摧毁标准看法的结论。
只要其中任何一个是有效的，那么标准看法就是错误的，并且我们知道的
比我们倾向于认为我们知道的要少得多。下面我们转到对这些论证的
回应。

（一）怀疑主义看法是自我反驳的

对怀疑主义看法，一个很有吸引力的回应思路是从注意到怀疑主义者
总体立场中的一种不寻常的特征开始的。通过构建一个怀疑主义者和一个
反怀疑主义者之间的对话，可以最好地显示这种特征。

反怀疑主义者：你知道你的怀疑主义论证的前提为真吗？例如，
你知道几乎我们的任何信念都可能是错误的吗？你知道几乎我们所有
信念的证据都是可错的吗？

怀疑论者：是的，我确实知道我的前提为真。

反怀疑主义者：你说你知道有关我们信念的这些事实。但这些都
是关于这个世界的事实。你断言我们对这类事实全都缺乏知识。因
此，在为你的论证辩护时，你已表明你并没有逻辑一致地相信你自己

的结论的后果。你的怀疑主义断言是虚假的。

　　怀疑论者：我想你是对的。我自己的论证表明我不知道我的前提为真。我承认我不知道它们。

　　反怀疑主义者：你不能基于你不知道它们为真的那些前提来确立关于某事的真理。因此，如果你不知道你的前提为真，那么你就不能基于你的前提而知道任何事情。特别是，你不知道你的怀疑主义结论为真。因此，你没有证明怀疑主义是正确的。

　　这段对话提出了几个问题，但我们将只关注其中的一个。假定我们承认反怀疑主义者在这个对话中所做出的断言。怀疑主义者不能逻辑一致地断言自己知道没有人知道关于外部世界的任何事情，这确实为真。请比较：

　　4. 我知道没有人知道任何事情。

（4）不可能是真的。如果它是真的，那么根据它所说的，我确实知道一事，即没有人知道任何事情。但如果我知道此事，那么命题（4）所说的我知道的就是错误的，因为我将知道一事。捍卫第三节所提出的那些论证的怀疑主义者可能会面临同样的困境。他们断言没有人知道关于外部世界的任何事情，然而他们这样说似乎是以关于外部世界的断言为基础的。

　　这些考虑表明怀疑主义有某种奇怪的地方。在断言他们的论证时，怀疑主义者似乎在含蓄地宣称他们知道自己的前提为真。然而，这与他们的结论相矛盾。此外，在他们的生活中，他们可能会做各种各样的事情，这表明他们认为他们知道这些事情。例如，他们会和别人交谈。这样做的前提似乎是，他们认为他们知道有其他人在场，他们也知道别人在说些什么。另一个例子是，他们会避开迎面而来的卡车，这意味着他们知道在行驶的卡车前面行走是危险的。

　　我们有理由怀疑说，怀疑主义者确实必须认为他们知道一些事情。回想一下，怀疑主义者并不是在断言我们的日常信念是错误的。他们断言的是，我们不知道它们是真的。因此，他们可以相信行驶中的卡车是危险的，但否认知道任何这样的事情。因此，怀疑主义者如果非常小心的话，或许可以设法从不断言知道任何事情，也从不做任何意味着他们知道任何一样东西的事情。

假定怀疑主义的批评者的如下这个指责是正确的：怀疑主义者总是或明或暗地陷入自相矛盾。怀疑主义者断言没有人知道任何事情，但在其他时候，他们说出、想到或预设了他们自己知道一些事情，假定这都是真的。这告诉我们关于怀疑主义或怀疑主义者的稳定性或整体一致性的一些东西。也许没有人能真正逻辑一致地主张怀疑主义看法。但这留下了一个令人困惑而未解答的问题：怀疑主义的论证有什么不对之处？它们是符合逻辑的论证。这意味着，如果它们的前提为真，那么它们的结论为真。它们的前提似乎都是正确的。揭示出怀疑主义者在某种程度上自相矛盾，无助于弄清楚这些具有挑战性的论证究竟哪里出了问题，甚至无助于弄清楚它们究竟是否出了问题。至少在许多人看来，这是由怀疑主义提出的核心的哲学问题。

一种澄清刚才阐述的这个观点的方式是，区分人们在思考怀疑主义时 *121* 可能会有的两个目标。其中一个目标更具修辞性或辩证性。这相当于让怀疑主义者确信他们错了，或者表明他们并非真的相信自己所说的，或者表明他们自相矛盾。另一个目标不大涉及怀疑主义者，而是涉及他们的论证。这相当于弄清楚：怀疑主义论证的前提如果有问题，那么究竟是出了什么问题。我们的焦点是第二个目标。这并不是说第一个目标有什么不对。然而，实现这个目标，即表明怀疑主义者自相矛盾，这将无法解决一个核心的问题：怀疑主义论证的结论是真的吗？

避免反驳或说服怀疑主义者的辩证挑战还有另一个好处。假定一个人的目标是试图说服一个顽固的怀疑主义者，让他相信我们确实知道一些事情。无论你做什么，一个聪明的怀疑主义者都将扛得住。你尝试的论证总是会使用这样或那样的前提。一个聪明的怀疑主义者会否认知道这个前提为真。如果你试图支撑它，你将只能诉诸另外的前提，就像一个孩子没完没了地问"为什么？"。一个聪明的怀疑主义者永远不会向你承认可以建立起你的反怀疑主义结论的任何前提。从一开始就避免与怀疑主义者进行这种类型的斗争，这会是个好主意。

所有这些辩证的议题都没有解决我们开始时提出的问题：对于怀疑主义论证我们应该说些什么？它们的前提是合理的吗？

（二）摩尔式的回应

G. E. 摩尔是 20 世纪上半叶的一位很有影响力的哲学家。他的哲学著作经常是用复杂的哲学反驳来为常识提供辩护。他对怀疑主义的回应是很典型的。在详细描述了一个与刚才陈述的那些论证类似的论证之后，摩尔写道：

> 事实上，这四个假设［即我们所考虑的论证的前提］都为真，就像我确实知道这是一支铅笔和你是有意识的一样有把握吗？我忍不住回答说：在我看来，我确实知道这是一支铅笔和你是有意识的，比知道这四个假设中任何单个假设为真都要更有把握，更别提知道四个假设都为真了。[9]

将其运用于四个怀疑主义论证，摩尔式的回应是，我们确实有关于外部世界的知识，这比这些论证中的任何一个论证是有效的，会更有把握，让人更有理由相信。因为这些论证是符合逻辑的，所以每个论证必须有一个前提是错误的。因此，合理的结论是，每个论证都有一个或多个错误的前提。

即使你同意摩尔对此是正确的，这种回应也显然没有解释这些论证错在何处。它不能帮我们看清这些论证哪里出了问题，或者它们潜在的错误是什么。对怀疑主义的摩尔式的回应，至少如这里所介绍的那样，只是说，我们认为这些怀疑主义论证有某种错误，这是合理的。但它没有告诉我们那错误是什么。

在另一个受到许多讨论的演讲中，摩尔试图证明外部世界存在。他伸出一只手说："这是一只手。"他伸出另一只手说："这是另一只手。"他从这些前提得出了外部世界存在的结论。[10]摩尔的证明有一些吸引人的地方。他的前提似乎显然为真。他的结论来自他的前提。很难找到他的论证有什么缺陷。然而，许多读者对摩尔的回应感到失望。一些人认为，不管怎样，它未能参与到怀疑主义论证的讨论中去。要表达对摩尔式回应的抱怨，最好的方式或许是说，它没有解释怀疑主义论证的问题出在何处。[11]他的观点似乎很合理地意味着它们有某种问题。解释怀疑主义论证的问题究竟出在何处，这是值得期待的。

（三）可错论

对怀疑主义论证的一个重要回应是，它们全都预设了对知识的不合理的高标准。这个指责是说，这些论证都或明或暗地依赖于知识需要绝对的确定性这个假设，而实际上知识只需很好的理由（加上真信念和处理葛梯尔式例子所需的无论什么条件）。这种看法就是可错论。可错论的一些细节将在考虑每个怀疑主义论证的可错论回应时呈现出来。

回应 1. 知识与绝对确定性

对怀疑主义的可错论回应在它与确定性论证的联系中最容易得到理解。可错论者否认早先辨认出的确定性论证的关键前提：

6-1. 如果 S 知道 p，那么 S 绝对地确信 p。

我们绝对确信的命题非常少。但根据可错论者的看法，这不是问题，因为知识不需要绝对的确定性。比如，当你面前有一张桌子时，照明很好，你的视觉系统正在恰当工作，作为你的视觉印象和背景信息的结果，你相信你面前有一张桌子，那么你就可以拥有那里有一张桌子的知识。虽然从你的角度看，有一些出错的微小可能性，但根本没有理由认为你搞错了，却有很好的理由认为你没搞错。如果你的信念为真，那么你就有知识。

请注意，可错论者并不是在说你可以知道错误的东西。如果你面前没有桌子，那么你就不知道那里有一张桌子。但如果那里有一张桌子，出于很好的而非逻辑上完美的理由，你相信那里有一张桌子，那么你就有相应的知识。

可错论者认为，怀疑主义者通过加给知识不可能的高标准而设法让我们担心怀疑主义。有一些语言学的证据可以支持可错论的看法，即知识与绝对确定性是有区别的。请考虑一个例子，两个人正开车离开他们的房子。其中一个人问另一个人是否知道他们出去时他锁了门。另一个人回答知道。第一个人接着问，是否"绝对地确定"他把门锁上了，如此之确定，以至于没有什么比这更确定的了。另一个人可能会理智地回答不是"绝对地确定"。这个问题并没有因此而违背自己起初的回答。如果这是正确的，那是因为第二个问题，即关于绝对确定性的问题，是一个新问题，而不是最初提出的关于知识的那个问题。如果是这样，那么知识就不需要绝对确定性。同样，我们在声称"完全确定地知道"时，并不仅仅是在声称"知道"某事，我们似乎在说一些不同的、更有力的东西。

还有一些实践的考虑可以为可错论的观点提供适度的支持。假定我们同意知识需要绝对确定性。在这种情形中，我们必须承认我们知道的不多，并且标准看法根本就是错误的。但现在重新考虑标准看法说我们知道的那些事情的清单。由于我们已同意怀疑主义者的观点，即知识需要绝对确定性，而我们对最初清单上的许多事情并不是绝对地确信，所以我们必须承认，我们并不知道这些事情是真的。但是，我们不应该因此就承认，我们对这些事情的立场正好就像我们对我们只有适当理由的那些事情的立场一样。我们可能会说，我们"几乎知道"清单上的那些事情，而我们却不是几乎知道明年世界职业棒球大赛的结果，甚至不是几乎知道下个月的选举结果。我们还应该说，在诸如葛梯尔提出的那些著名的例子中，我们也不是"几乎知道"。因此，我们可以问葛梯尔例子和那些几乎知道的情形之间有什么区别。我们甚至可能发展一门学科，即"几乎知识论"，在这门学科中我们研究的正是这里所研究的。换句话说，假如我们同意怀疑主义者说"知道"只适用于有绝对确定性的情形，我们就可以引入"几乎知道"这个说法，它将适用于那些缺乏绝对确定性但通常被归类为知识的情形。可错论者认为，"知道"一开始就是以这样的方式被使用的，所以没有必要把这个词拱手让给怀疑主义者，而引入"几乎知道"这个说法来做它的工作。这样做只会引起不必要的混乱。

因此，接受可错论的理由是有说服力的，但可能不是决定性的。看看可错论对其他怀疑主义论证有些什么东西要说，这将是有帮助的。

回应 2. 知识与错误的可能性

错误可能性论证有如下关键前提：

4-2. 如果一个信念可能是错误的，那么它不属于知识。①

可错论者拒绝这个前提。他们认为知识与错误的可能性是相容的。搞清楚

---

① 原文编号为"5-2"，系作者笔误。——译者注

他们说的是什么，这是很重要的。可错论者不是在说知识与实际的错误是 *124*
相容的。他们并不是说，你可以知道一些不真实的事情。他们也不是说，
当你有积极的理由认为你在犯错时，你可以拥有知识。他们说的是，知识
需要强有力的证成和真理。因此，如果你基于极好的理由而相信某事并且
它是真的，如果没有葛梯尔式的古怪事情发生，那么你就有相应的知识。
如果你基于同样的极好的理由而相信某事，结果证明它是错误的，因为你
是某个骗局或幻觉的受骗者，那么你就没有相应的知识。

　　拒绝（4-2）与拒绝知识需要绝对确定性是紧密联系在一起的。知识
需要确定性的假设等同于这样的假设：如果你对某事不确定，那么你就不
知道它。这个假设是认为（4-2）为真的最好理由的核心。对（4-2）的
辩护是这样的：如果你可能把某事搞错，那么你对它就不是绝对确定。如
果你对某事不是绝对确定，那么你就不知道它。因此，如果你可能把某事
搞错，那么你就不知道它。一旦拒绝了知识需要确定性的假设，就像可错
论者会说的那样，这种对（4-2）的辩护就失败了。

　　这里还有一件可能会引起困惑的事情，那就是（4-2）很难解释。
"如果……那么……"的句子通常是有问题的，当其中还有"可能"
（could）这样的词语时，它们甚至会更麻烦。引起困惑的一个潜在源头可
以借助考虑一些相关的句子而显露出来。首先请注意（4-2）等于：

　　　　4-2a. 如果 S 知道 p，那么 S 不可能把 p 搞错。①

现在考虑一个在结构上跟（4-2a）相似的"如果……那么……"的句子：

　　　　5. 如果 S 是一个单身汉，那么 S 不可能结婚。

对你来说，（5）可能似乎是对的，但它有一些令人费解的地方。这可以
通过以下考虑而得到显示。假设你把人分成两组：可能结婚的和不可能结
婚的。你可能会说一个 3 周大的婴儿不可能结婚。在这个年龄，他不可能
合法地参加婚礼，不可能做出或说出结婚必须做或说的那些事情。相比之
下，一个选择不结婚的、30 岁的正常男人属于可能结婚的人群，尽管他
没有结婚。这应该会让你看出如下两个句子之间的差别：

----

　　①　原文编号为"5-2a"，系作者笔误。——译者注

5. 如果 S 是一个单身汉，那么 S 就不可能结婚。

5a. 如果 S 是一个单身汉，那么 S 就没有结婚。

（5a）是正确的。它确实必然为真。它不是偶然的和可逆转的真理。它是真的，这在一定程度上是"单身汉"这个词的词义的结果。但（5）不是真的。如果一个人是单身汉，那么这个人就属于不可能结婚的人群，这不是真的。大量单身汉都是可能结婚的人，他们只是没有结婚而已。

与此类似，请比较如下两个句子：

4-2a. 如果 S 知道 p，那么 S 不可能把 p 搞错。①

4-2b. 如果 S 知道 p，那么 S 没有把 p 搞错。②

（4-2b）是真的，而且是一个必然真理，因为它部分地是从知道的意义中逻辑地推导出来的。但认为这支持了（4-2a）则是错误的。因此，可错论者接受（4-2b）。他们甚至认为不会有（4-2b）为假的可能情形。但他们拒绝了（4-2a），也一起拒绝了错误可能性论证的前提（4-2）。接受（4-2a）就是在说，要知道某事就需要那种你不可能将它搞错的东西。〔这相当于（5）所说的，作为一个单身汉就是那种不可能结婚的人。〕很少有命题能满足如此高的标准。少数能满足这个标准的命题也是异乎寻常的。比如，没有人可能错误地相信信念存在。没有人可能错误地相信他或她用如下句子表达的东西："我存在""我有一个信念"。[12]

回应 3. 内省上的不可分辨论证

这个论证的关键前提是：

5-2. 属于知识的情形与不属于知识的情形在内省上是不可分辨的，这是不可能的。③

可错论者拒绝这个前提。他们认为知识不是一种单纯的"心灵状态"。一个人是否知道，取决于她的心灵状态是什么样的，即她相信什么和为什么相信，以及世界是什么样的。如果知识仅仅需要极好的理由，而不是完美

---

① 原文编号为"5-2a"，系作者笔误。——译者注

② 原文编号为"5-2b"，系作者笔误。——译者注

③ 原文编号为"6-2"，系作者笔误。——译者注

的理由，那么（5-2）就是错误的。考虑任何一种情形：一个人有极好的理由，有一个真信念，并且确实有相应的知识。因为这些理由仅仅是极好的，而并非完美的，所以如下另外的情形是可能的：一个人拥有正好相同的理由，但其信念为假，并且这个人没有相应的知识。

思考事情的一种方式是：根据可错论的观点，知识源自世界与相信者之间的一种合作。当相信者以恰当的方式去相信而尽自己的职责时，她已经尽她所能去拥有知识。当世界与之配合，没有出现有证成的假信念的异常情形或葛梯尔式的情形时，它就属于知识。当世界未能与之配合时，它就不属于知识。因为知识依赖于这种合作，所以有可能存在这样的情形：这个人尽到了她的职责，但世界未与之配合。这种情形跟世界确实与之配合的情形在内省上是不可分辨的。因此，（5-2）是错误的。

如果知识需要绝对确定性，那么前提（5-2）就可能有一个很好的例子。绝对确定性是一种担保真理的内在心灵状态。我们确信的信念与我们不确信的信念在内省上是可分辨的。因此，如果知识需要确定性，那么其后果就是知识需要某种担保真理的心灵状态，这是一种与错误信念在内省上可以区分开的心灵状态。因为，根据可错论，知识不需要绝对确定性，所以这种支持（5-2）①的思路是失败的。

请注意，无论我们对知识说些什么，都存在"正确地相信"和"错误地相信"的情形，这些情形有可能在内省上是不可分辨的。真信念不会比假信念发出更耀眼的光芒。当你有一个真信念时，在你的心灵之眼面前不会闪耀出一个"真"字。没有一种内在的特征会伴随所有的真信念，而且只伴随着真信念而出现。因此，可以有你相信某事而且你的信念为真的情形，也可以有另一种极其相似的情形，但你的信念为假。真信念与假信念在内省上是不可分辨的。

这并不是说，你不能分辨什么时候你有充分的理由相信某事，什么时候你没有。你通常都能分辨出来。或许你总是能分辨出来。因此，或许有证成的信念与没有证成的信念在内省上是可分辨的。即是说，没有任何有证成的信念与没有证成的信念在内省上是不可分辨的。[13]

---

① 原文是"6-2"，系作者笔误。——译者注

有人可能会认为，这种讨论未能公正地对待不可分辨论证背后的思维。要理解这一点，请考虑一个类比。假定你不能分辨两种树的差异，比如说柏树和雪松。至少就你所能分辨的而言，看到一棵树和看到另一棵树，在内省上是不可分辨的。你可能由此得出结论：你永远不可能知道你看到的是一棵雪松而不是一棵柏树。与此类似，你可以断言：你永远不会知道你看到了一棵真实的树而不是仅仅梦见你看到了一棵树，或者仅仅是一个恶魔给你造成了有一棵树的印象，因为后面的这些状态与看到一棵真实的树在内省上是不可分辨的。因此，你不可能知道你看到了一棵真实的树。

但是，至少根据可错论者的看法，这种想法是错误的。即便对你来说，看到一棵雪松和看到一棵柏树在内省上是不可分辨的，但你可以知道你看到的是其中一棵而不是另一棵。你可能知道，因为一位树木专家已告诉你了。或者你可能知道，因为你有独立的、令人信服的证据表明你所在区域不长雪松。你可以有很多很好的理由相信你看到的是其中的一棵而不是另一棵。如果知识需要绝对确定性，那么这些理由对知识来说都还不够好。然而，正如我们已经看到的，可错论者有一些很好的理由拒绝这个假设。同样，你可以有很好的理由认为你看到了一棵树而不是被一个恶魔欺骗了，即便这两种经验在内省上是不可分辨的。（关于这一点的进一步讨论，将出现在下面的"回应4"和本书第七章。）

人们有时会说，如果可错论是对的，那么你就永远不能分辨出自己是否知道什么东西。[14] 即是说，他们有如下论证：

论证 6.8　知道你知道论证

8-1. 如果可错论为真，那么一个人就永远不能分辨出自己是否有知识（即她永远不知道自己有知识）。

8-2. 可错论为真。

_____

8-3. 因此，一个人永远不知道自己有知识。（8-1），（8-2）

可错论者接受（8-2）。虽然（8-3）不是不可能的，也不是自相矛盾的，但对可错论者来说，接受这一点却是非常奇怪的：为什么你能知道各种各样的事情，却不知道你知道某事？可错论者会说，一个人可以知道的事情之一就是，别人知道某事。你知道别人有知识，而不知道你自己有知识，这怎么可能呢？因此，可错论者想要找到一个好的基础来拒绝（8-1）。

幸运的是，可错论者可以合理地拒绝（8-1）。弄清为什么，这会使可错论更清晰和更有吸引力。可错论的看法是，关于知识的知识与关于其他事物的知识相当类似。通过拥有灯是开着的这个有证成的真信念，并且不是一个葛梯尔情形，一个人可以知道灯是开着的。同样，通过拥有自己知道灯是开着的这个有证成的真信念，一个人可以拥有自己知道这个事实的知识。她确实有很好的理由认为她知道这一点：她基于自己对灯光的观察而相信灯是开着的，而不是一时的异想天开，她在这类事情上通常是正确的，如此等等。关键的一点是，就像所有的知识一样，她知道她知道一些事情，这是可错的。她不是绝对地确定自己有知识。她认为自己有知识的理由在逻辑上并不是完美的。它们仅仅是极好的。这就是知道所需要的一切。关键的意思是，如果你在关于日常命题的知识上是一个可错论者，那么你在关于知识的知识上也应该是一个可错论者。[15]

回应 4. 传递性论证

对于传递性论证的关键前提，一个更一般化的表述是：

> 7-1. 人们不可能知道怀疑主义假设是错误的。

在此，可错论者会说，我们确实知道怀疑主义假设是错误的。你思考诸如你有手臂这样的日常事物的理由，也为你拒绝诸如你是一个缸中之脑这样的怀疑主义假设提供了极好的理由。根本没有理由认为有任何缸中之脑，也没有理由认为你是一个缸中之脑。这是一个你有很好的理由拒绝的假设。没错，这些理由在逻辑上并不完美，但在这种情形中，你在逻辑上并不需要比在其他情形中更完美的理由。对其他怀疑主义假设，也是如此。

如果知识需要绝对确定性，那么也许有更好的理由接受传递性论证。我们不能绝对地确定我们不是缸中之脑，或者其他怀疑主义假设是错误的。但是，根据可错论，知识并不需要确定性，所以对传递性论证之关键前提的这种辩护是失败的。

当然，怀疑主义者可能会否认可错论者在此所说的。（我们将在第七

128 章考虑一些怀疑主义者可能为此而给出的一个理由。）但与本章所考虑的其他怀疑主义论证不同，传递性论证是把我们没有知识作为一个前提。这个论证本身并没有提供理由说我们不知道怀疑主义假设是错误的。相比之下，本节考虑的其他论证都提供了理由来认为我们缺乏知识，这些理由跟错误的可能性等相关。因此，尽管怀疑主义者可能不喜欢它，但很难理解为何可错论者不能很好地拒绝传递性论证。

五、阶段性的结论

有一种怀疑主义是"高标准的怀疑主义"，即依赖于知识需要确定性或无错误可能性这个前提的怀疑主义。这里所考虑的怀疑主义论证都做出了这个假设。在错误可能性论证和确定性论证中，这个假设是直言不讳的；在内省上的不可分辨论证和传递性论证中，这个假设是隐而不显的。

对怀疑主义的摩尔式回应声称，我们认为我们确实拥有知识比我们认为这些论证中的任何一个是有效的更合理。这种回应相当具有吸引力，但未能解释怀疑主义论证究竟哪里出了问题。

可错论对怀疑主义提供了一个更完满的回应。根据可错论的看法，知识需要非常好的理由（加上真信念，并且不属于葛梯尔例子）。但知识并不需要确定性。我们能够满足知识的可错论条件。

支持可错论的理由是很重要的，也是很有力的，但不是决定性的。它们包括语言上的考虑、简单性以及这样的一些事实：怀疑主义论证的一些要求会导致错误（比如，混淆了"如果……那么……"和"必须"）；关于你知道你知道刚才讨论的东西，可错论并不会得出错误的结论。因此，可错论似乎是一种明智的看法。如果可错论是正确的，那么每个怀疑主义论证中就都有一个错误的前提。

总结可错论的一种方式是：

对于诸如我们确实看到了一本书（因此我们不是在做梦，没有陷入幻觉，不是缸中之脑，等等）这样的一些命题，我们的经验为我们提供了非常好的证据，但并不是绝对决定性的证据。这些证据可足够好地证成我们的日常信念，从而满足知识的证成条件。这些怀疑主义论证全都依赖于错误的假设，即证成需要决定性的证据，因而知识也是如此。所以，这些论证全都失败了。

这是一种被广泛接受的看法，也似乎是合理的看法。它跟第四章所描述的温和基础主义观点很吻合。不幸的是，怀疑主义的问题依然存在。我们将在第七章继续讨论。

注　释

［1］对可靠论的这种批评的讨论，参见：Richard Fumerton. Metaepis- *129* temology and Skepticism. Lanham，MD：Rowman and Littlefield，1995：chapter 6。

［2］如果"任何人"仅仅限制在人类，那么人们可能基于如下理由而为（SF1）辩护：即便某种高级的存在者——比如无限的神——可能拥有知识，纯粹的一个人也不可能拥有知识。意思是说，知识本身并不是不可能的，但它跟人类的某种本质性的东西不相容。

［3］另一些怀疑主义论证将在本书第七章和第八章考虑。

［4］The Philosophical Works of Descartes. trans. Elizabeth S. Haldane，G. R. T. Ross. Cambridge，UK：Cambridge University Press，1973：145－146.

［5］廷森讨论了一个与此相似的例子，参见：John Tienson. On Analyzing Knowledge. Philosophical Studies，25（1974）：289－293。

［6］彼得·昂格尔发展出了确定性论证的一个变种，参见：Peter Unger. Ignorance：A Case for Skepticism. Oxford：Oxford University Press，1975：chapter 3。

［7］这个论证的一个主要来源是：Fred Dretske. Epistemic Operators. Journal of Philosophy，67（1970）：1007－1023。

［8］它有时被称作"闭合"（closure）原则。意思是，你知道的事物的集合在蕴涵关系中是"闭合的"（closed）。这意味着，如果这个集合包括了某个命题，那么它就包括了那些由它所蕴涵的命题。尽管有些哲学家对（7-3）提出了质疑，但我们在此不会这样做。

［9］G. E. Moore. Four Forms of Skepticism//Philosophical Papers. New

York：Collier Books，1959：193－222. 引文出自第 222 页。

[10] 参见：G. E. Moore. Proof of an External World//Philosophical Papers. New York：Collier Books，1959：126－149。这个"证明"出现在第145 页。

[11] 也有可能是，对一个结论给出一个合理的论证，正如摩尔可能已做的那样，与对这个结论给出"证明"是有区别的。在与怀疑主义进行争论的背景下，也许一个证明必须有满足某种特殊条件的前提，比如争论的各方都接受。摩尔的前提不满足这个附加条件。

[12] 在此，这个论证假设：如果一个人不可能"相信某个命题而且他错了"，那么这个人在这个命题上就不可能犯错。列举的这些命题确实满足这个条件。但它与如下情况可以并存：一个人错误地不相信这些命题中的某一个命题。某人可能对怀疑主义论证反应过头了，从而错误地相信他不存在。因此，在某种意义上说，一个人可以搞错他是否存在的问题。

[13] 当然，第五章讨论的非证据主义的证成理论可能不同意这一点。

[14] 下面几段所陈述的观念有些最初出现在：Fallibilism and Knowing That One Knows. Philosophical Review，90（1981）：77－93。

[15] 我非常感谢布鲁斯·罗素（Bruce Russell）对这一节的有益评论。

第七章　怀疑主义（下）

第六章讨论的怀疑主义论证都是"高标准的怀疑主义"的论证。它们所依赖的假设是，知识的标准极高，所以我们没有满足或不可能满足它们。可错论与温和基础主义为所有这些论证提供了合理的回应。然而，这并没有结束对怀疑主义看法的讨论。另一种怀疑主义看法挑战了这样的观念，即我们对日常信念的理由跟可错论者与温和基础主义者所认为的一样好。换句话说，这种论证否认我们满足通常的证成标准。本章我们将考察两个这样的论证。

一、归纳问题

（一）归纳推理

归纳推理是科学的核心，也是常识推理的关键。很粗略地说，归纳推理是依靠观察到的模式对其他情形中发生的事情得出结论的推理。如果你去过某个餐馆几次，感觉那里的食物很好，你就很可能相信下次再去那里时你也会感觉它的食物很好。如果研究者发现他所见过的患有某种疾病的病人在以某种方式治疗后总是或通常会康复，那么这个研究者就可能得出结论，同样的方式也适用于未来的病人。这些都是归纳推理的简单例子。很明显，标准看法基于这样的假设，即我们可以通过归纳推理来认识世界。第六章捍卫了对怀疑主义的可错论回应，它显然依赖于归纳推理可以产生证成的假设。

受到最广泛讨论的归纳推理的一般模式是：

论证 7.1　归纳模式

1-1. 迄今为止所考察的全部 A 都是 B。

1-2. 下一个要考察的 A 会是 B。

用来说明这种推理的一个标准例子是，从过去太阳每天都升起这样的观察，推导出太阳明天将会升起的结论。为了使这个例子符合已列出的这个模式，我们必须把过去太阳每天都升起这个前提理解为：迄今为止所观察到的每一天，太阳都升起了。

论证 7.2　日出论证

2-1. 迄今为止所考察的每一天都是有太阳升起的日子。

2-2. 次日（明天）会是有太阳升起的日子。

就当下的目的而言，可以接受这个前提为真。这似乎是归纳推理的一个好例子。

　　并不是所有归纳推理都恰好遵循这个模式。所述模式仅得出关于下一个事例的结论。但有时人们根据同样的前提得出的是一个普遍的结论：

论证 7.3　日出论证（Ⅱ）

3-1. 迄今为止所考察的每一天都是有太阳升起的日子。

3-2. 每一天都会是有太阳升起的日子。

虽然这里的结论有所不同，但推理是相似的。在 7.2 和 7.3 这两个论证中，都是用所观察到的以前的事例来预测未来。[1]

　　在刚才提到的例子中，前提是全部观察到的 A。但一些很相似的推理却并非如此。假设一个园丁每年秋天都在他的花园里种一些百合球根。有些球根会发芽，另一些则不会。假设这个园丁在许多年的时间里观察到每年大约有 80% 的球根发芽。假如这个园丁不是过度乐观，那么他就很可能相信今年也会发生同样的事情。这个园丁做出的推理是：

论证 7.4　百合论证

4-1. 过去我每年种的百合球根中有 80% 会发芽。

4-2. 今年我将种的百合球根将有 80% 会发芽。

显然，另外的信息可能会破坏这种推断。比如，如果这个园丁知道未来几个月的天气会很不寻常，或者他从另一个不知其来源的地方购买了球根，那么他就不大可能得出这个结论。但一般的推理模式似乎仍然是正确的。

人们有时认为所有归纳推理都是从有关过去的前提中得出有关未来的结论这样的推断。但并非所有依赖于相同推理样式的推断都是如此。考虑一个修改版的百合例子。假定这个园丁太忙了，在百合球根发芽的整个春季都没有时间到花园里查看。在春天结束的时候，这个园丁可能会做出一个本质上相同的推断，结论是：他种植的球根 80% 都已经发芽。因此，现在这个推断完全是有关过去的，但推理是一样的。

因此，归纳推理的核心特征是，它们是从已观察到的情形推论出未观察到的情形。人们有时会说，归纳推理依据的原则是未来将会跟过去相似。但实际的原则是，未观察到的情形跟已观察到的情形相似。

很明显，标准看法与温和基础主义都依赖于归纳推理的认知价值。这不仅仅是我们对讨论中的花园里将要发生的事情的预测。当你坐在你最喜欢的椅子上时，你相信它会支撑你而不是将你弹出去，其证成取决于归纳。我们通常认为自己知道的很多东西都同样依赖于归纳推理的合法性。然而，关于这种推理的价值有一个长期存在的哲学问题。下面我们将对这个问题进行讨论。

（二）休谟问题

大卫·休谟提出了一个关于归纳推理的价值的问题，这个问题长期困扰着哲学家们。最简单地说，休谟问题（或难题）是：我们是否有好的理由接受归纳论证的结论？这些论证是好的论证吗？

休谟问题的一个经典表述如下：

　　所有推理可被分成两类，一是演证推理或关于观念间关系的推理，二是或然的或关于事实和实存问题的推理。在现在这种情形中似 *133*

乎显然没有演证论证，因为自然过程是可以变化的，一个物体似乎像我们所经验到的那样，会出现不同的或相反的结果，这都是没有矛盾的。难道我不能清楚而明白地设想从云端掉下的一个东西，在其他方面都像雪，但却有盐的味道或火的感觉吗？[2]

在此，休谟说归纳推理不是演证的（demonstrative）。也就是说，即便前提为真，结论也可能是错误的。这无疑是正确的。在接下来的一段，休谟继续考虑涉及"或然推理"（moral reasoning）的归纳论证。在此，他的意思不是说它们涉及"道德"（morality）的问题，而是说"这些论证必须仅仅是可能的"[3]。他写道：

> ……我们所有经验性的结论都是建立在未来将跟过去相似这样的假设上的。通过或然论证或有关实存事物的论证来证明最后这个假设，显然是来回兜圈子，正好将讨论中的论点当作了理所当然的东西。[4]

这里的意思似乎是，假如你认为归纳推断是好的推断，因为它们有效，那么你在这个论证中就正好依赖于未来将跟过去相似这个假设。因此，你在这个论证中正好假设了争论中的事情。这个问题是：为什么认为归纳推断是好的推断？为什么认为未来将跟过去相似？在论证它会相似的过程中做出这个假设，就正好是假设了争论中的东西。

正如前面提到的，归纳推断实际上是从已观察到的东西推断未观察到的东西，从过去推断未来只是其中的一个特例。跟随休谟的指引来讨论归纳，好像它总是涉及从过去到未来的推断，这也没有害处。因此，休谟的观念似乎是归纳推断依赖于像如下形式的某种原则：

> PF. 未来将跟过去相似。（或者，更准确一点说，如果已观察到的百分之 x 的 A 是 B，那么未观察到的百分之 x 的 A 是 B。）

我们本来也可以将此表述为自然齐一原则，因为它说自然中发现的模式将继续存在。这个原则中有些细节需要注意。显然，当已有在许多不同环境中观察到的 A 时，这种类型的具体推断会更有力。当然，未来不会在所有方面都跟过去相似。一个 49 岁的人即将迎来他的下一个生日，他可能会用（PF）来论证说，迄今为止，他的所有生日都是他50岁以下的生日，因此下一个生日依然是他50岁以下的生日。显然，这里有问题。然而，任何类似于（PF）的原则都完全是有证成的，这个观念受到了休谟的挑战，对于其中的一些细节我们将不予理会。

对休谟观点的一种解释如下。归纳推理依赖于（PF）原则或它的某 *134* 些变体。但（PF）不是一个必然真理，它不可能通过演证论证而得到证明。如果我们试图通过任何非演证（或或然）论证来确立（PF），那么我们就会依赖于（PF）本身。因此，我们在"兜圈子"，而没有确立起这个原则，也没有可被用来支持（PF）的其他论证。休谟的看法似乎是，正常的思维是这样的，我们因习惯而做出这样的一些推断，但我们对它们实际上没有真正的证成。这是一个令人失望的怀疑主义结论。科学实质上依赖于归纳推理，如果这是真的，结论就是科学推理没有好的证成。我们确实知道世界上的很多东西，如果标准看法的这种主张依赖于归纳推理的恰当性，那么休谟论证就会让人对标准看法产生怀疑。如果温和基础主义蕴含归纳推理会产生有证成的结论，那么休谟问题就会让人对温和基础主义产生怀疑。毫不奇怪，很多哲学家都试图为休谟问题找到答案。

我们可以将休谟论证准确地组织成如下形式：

论证 7.5　休谟论证

5-1. 如果（PF）完全可以是有证成的，那么它要么可通过"演证的"论证而获证成，要么可通过"或然的"论证（由已观察到的事实来推断）而获证成。

5-2. 只有必然真理才能通过演证论证而获得证成。

5-3. （PF）不是一个必然真理。

5-4. （PF）不能通过演证论证而获得证成。（5-2），（5-3）

5-5. 全部或然论证都会假定（PF）为真。

5-6. 任何支持（PF）的或然论证都会假定（PF）为真。（5-5）

5-7. 支持某个原则的论证又假定这个原则为真，这就不能证成这个原则。

5-8.（PF）不能通过或然论证而获得证成。（5-6），（5-7）

5-9.（PF）不能得到证成。（5-1），（5-4），（5-8）

这个论证是有效的。（5-4）、（5-6）、（5-8）和（5-9）都是从前面的步骤得出的结果。因此，唯一合理的反应将是拒绝（5-1）、（5-2）、（5-3）、（5-5）和（5-7）这些前提中的一个。但这些前提中的每一个似乎都相当合理。或许我们被休谟的惊人结论缠住了。

值得强调的是，休谟问题并不依赖于高标准的怀疑主义，至少没有明显地依赖于此。休谟不是在问我们如何才能确信（PF）为真。相反，他否认我们有任何好的理由相信这一点。

（三）对休谟问题的三种回应

回应 1. 对归纳的归纳性辩护

135
人们可能忍不住想要指出归纳是有效的，以此回应休谟问题。即是说，过去我们做出归纳推断已经做得很好，因此，可以合理地得出结论说，归纳推断将继续有效。作为一个支持（PF）的论证，这个想法可被表述如下：

论证 7.6　支持（PF）的归纳论证
6-1.（PF）过去一直为真。

6-2.（PF）未来将为真。

也许从（6-2）我们可以继续推断（PF）完全是真的，所以我们使用它完全是有证成的。如果论证 7.6 确实证成了（PF），那么它也就一定暴露了休谟论证的某种缺陷。我们很快会回到这一点。

当然，休谟会认为，论证 7.6 属于"兜圈子"和"正好将讨论中的论点当作了理所当然的东西"的那种论证。一个论证假定讨论中的论点为真的一种方式是，将讨论中的论点作为前提。在这种情形中，因为（PF）的真理性正是要讨论的论点，所以将（PF）作为前提的论证会是一个令人反感的论证。但支持（PF）的归纳论证的前提并不是（PF）。此外，（6-1）似乎有相当好的证成。因此，归纳论证似乎没有把讨论中的论点作为前提。因此，对休谟的一种回应是，休谟论证中的前提（5-5）是错误的。论证 7.6 是支持（PF）的一个或然论证，但并没有假定（PF）为真。论证 7.6 没有假定（PF）为真，其理由是它的前提中没有（PF）。一旦拒绝了（5-5），余下的步骤就失去了支撑。休谟论证似乎被摧毁了。

然而，一个论证假定讨论中的论点为真，还有另一种方式。一种方式是明确地将讨论中的论点作为前提。这种方式我们已经讨论过了。另一种方式是让那规则将论证的前提和结论联系起来。这就是论证 7.6 中发生的情形。（PF）不是论证 7.6 的一个前提，但它是论证 7.6 的推理规则或原则，它将论证 7.6 的前提和结论联系了起来。如果某个推理规则是要讨论的对象，即如果我们想知道我们是否可以有证成地使用它，那么使用这个规则的论证就假定了该规则为真。在论证 7.6 中，（PF）正好是从前提到达结论所需的规则，所以论证 7.6 确实假定了（PF）为真。因此，前提（5-5）还是为真。[5] 论证 7.6 未能成功地回应休谟的挑战。

论证 7.6 没能给休谟问题提供一个适当的答案，这个事实并不表明论证 7.6 的前提是错误的，也不表明归纳论证总体上是有缺陷的。问题是，*136* 在使用（PF）的合法性受到怀疑的情况下，这个论证没能确立起使用它的合法性。

回应 2. 对（PF）的实用主义辩护

一些哲学家注意到，就形成关于未观察到的事情的信念而言，归纳推理比之于其他与之竞争的任何策略都有某种优势。[6] 两个相关的类比会使这个观念变得清晰起来。首先，考虑这样一种情形，一个医生打算给病人做手术。这个医生不确定手术是否会成功，但她确实知道：

A. 如果有什么方式能挽救这个病人，那就会是做手术。

再举一个例子，假设你处于以下不幸的境况：

……你被强行带进一间锁着的房间，并被告知：你能否被允许生存取决于你在一个赌注上的赢或输。赌注的对象是一个上面有红灯、蓝灯、黄灯、橙灯四种彩灯的盒子。你对这个盒子的构造一无所知，但被告知：要么所有的灯都亮，要么其中的一些会亮，要么所有的灯

166

都不亮。如果你所选颜色的那盏灯点亮了，你就可以活；如果你所选颜色的那盏灯没亮，你就得死。但在你做出选择之前，你还被告知：蓝灯、黄灯和橙灯都不可能在红灯没亮的情况下亮。如果这就是你所拥有的全部信息，那么你毫无疑问地要赌红灯亮。[7]

在这种情况下，如下命题为真：

B. 如果有某种赌注会成功，那么赌红灯亮会成功。

归纳的实用主义证成的拥护者会认为归纳也与之相似，他们说：

C. 如果有某种方式能对未观察到的事情形成准确的信念，那就会是归纳。

（C）是正确的，这与归纳可自我纠正的特性有关。假设有某种与归纳竞争的方法。也许茶叶占卜为形成关于未来的真信念提供了另一种方法。倘若如此，那么这种模式将随着时间的推移而被发现。归纳推理最终会认可它。即是说，归纳将允许某个论证来支持如下结论：基于茶叶占卜的预测为真。如果形成信念的任何一般策略被证明能正确地发挥作用，那么归纳法最终会认可它。这可能需要时间，因此（C）的情况与（A）和（B）的情况并不完全相似，但它仍然为（PF）提供了某种证明。

因此，对休谟论证的实用主义回应是，除了演证的和或然的论证之外，还有另一种证成（PF）的方法。刚才给出的就是实用主义论证。因此，前提（5-1）是错误的。

对归纳推理的这种证成比一些人想要提供的证成可能要少。首先，重新考虑这两个类比。尽管（A）为真，但不能得出结论说，那个手术有很大的可能获得成功。尽管（B）为真，但没有理由认为赌红灯亮会获得成功，甚至没有理由认为这很可能会成功。手术和赌注可能仅仅是一些非常糟糕的选择中的最好选择。不清楚的是，对归纳的实用主义辩护是否意味着：归纳比一组糟糕的选择中的最好选择更好。

137

另外，归纳具有自我纠正的特性的观点有点容易让人产生误解。如果自然是齐一的，那么归纳最终（可能）会导致好的原则；但如果不是，那么归纳就不需要了。没有人能保证归纳法会产生支持形成关于未观察到的事物之信念的好的原则。

最后，如果我们寻求的是（PF）在认知上的合理性，那么实用主义辩护似乎达不到目标。它并没有表明我们有好的理由相信（PF）为真。它至多表明，我们使用（PF）的境遇至少和使用其他替代方法的境遇一样好。这还没有达到人们所追求的目标。

因此，这些考虑意味着：在休谟想要的"证成"的意义上，不存在对于归纳的实用主义证成。休谟论证尚未被驳倒。

回应 3. 对归纳的先天辩护

休谟论证针对的是由过去到未来的原则，即（PF）原则：

> PF. 未来将跟过去相似。

休谟正确地指出，没有"演证的"论证能确立起（PF）。（PF）并非因其定义就是真的，演证论证也不是被用来证明这种事情的论证。休谟认为，关于（PF）的任何基于经验的论证都是在"兜圈子"，或者将正好需要讨论的事情当作理所当然的。这似乎也是正确的。在《哲学问题》（*The Problems of Philosophy*）的一章中，伯特兰·罗素努力地讨论了休谟讨论过的问题，但有趣的是，罗素对讨论中的原则的表述略有不同。罗素所讨论的主张的一个简化本是：

> PFR. 知道事物过去是什么样的，这给你一个很好的理由去相信它们在未来也将是那样的。[8]

（PF）和（PFR）的关键区别在于，后者关注的是我们有理由相信的东西。如果（PFR）为真，那么归纳论证的前提就可以为我们提供很好的理由去相信其结论。当然，这些理由不是决定性的。一个人可以有其他理由来推翻或摧毁一个要不然会很好的归纳论证。（一个 49 岁的人认为他的下一个生日还是 50 岁以下的生日，这个人就有这种推翻其想法的理由。）（PF）和（PFR）还有一点不同，这跟休谟论证是直接相关的。

休谟确实正确地指出了（PF）并非因其定义就是真的，它也不能通过"演证的"论证而得到证实。正如休谟所说，事情有可能明天就变了。（PF）不是一个必然真理。但同样的事实也不能证实（PFR）因其定义就不是真的。[9]一个不完美的类比可以阐明其原因。假设一个罐子里有 1 000

138 颗弹珠。你知道其中 999 颗弹珠是黑色的，1 颗是白色的。你随机挑出 1 颗，但没有看。你会认为你挑出了 1 颗黑色的弹珠，这是一个合理的信念。现在进行比较：

M1. 如果罐子里有 1 000 颗弹珠，其中 999 颗是黑色的，1 颗是白色的，并随机从罐子里挑出 1 颗，那么被挑中的是 1 颗黑色的弹珠。

M2. 如果你知道罐子里有 1 000 颗弹珠，其中 999 颗是黑色的，1 颗是白色的，并随机从罐子里挑出 1 颗（你没有其他的相关信息），那么你相信被挑中的是 1 颗黑色的弹珠，这是合理的。

（M1）和（M2）之间的相互关系跟（PF）和（PFR）之间的相互关系是一样的。（M1）跟（PF）相似，都是在说，如果第一项条件成立，那么第二项条件成立。［在（PF）中，第一项条件是过去有某种一致性，第二项条件是将来会有这种一致性。］（M2）跟（PFR）相似，都是在说，如果你知道第一项条件成立，那么你就有很好的理由认为第二项条件成立。（M1）不是一个必然真理。实际上，存在（M1）为假的情形。当你挑出的是那颗白色的弹珠时，（M1）就为假。相比之下，（M2）可能会是一个很好的必然真理。似乎相当合理的是，合乎理性的定义或本性使（M2）为真。当前件为真时，你相信被挑出的弹珠是黑色的却是不合理的，这种情形是不可能有的。[10]（M2）是我们可以知道的某种先天为真的东西；即是说，我们可以仅凭理解它所牵涉到的概念而知道它为真。我们无须观察一些事例从而推断出其真理性。[11]

与此相似，根据目前对休谟问题的这种回应，（PFR）从定义上说就是真的，因而是可以先天地知道的。以过去之情形作为未来之情形的指引，这是人们的合理性概念的一部分。所提到的条件，即知道事物过去是什么样的，不能给你好的理由让你相信它们未来会如此，这种情形是不可能发生的。相信它们未来会如此，这有可能是错的，那个好的理由也有可能被其他理由推翻（那个 49 岁的人对他下一个生日的年龄的预见就是一例）。但是，关于过去的一些一致性的信息未能给关于未来的信念提供某种理由，这是不可能的。这就是理性发挥作用的方式。

因此，对休谟论证的回应是，休谟论证是有效的。（PF）无法得到证明。然而，归纳推理的认知价值并不依赖于（PF）为真。相反，归纳推理依赖于（PFR）为真。根据目前的回应，（PFR）是一个必然真理。如果休谟论证被重新阐释为是针对（PFR）的，那么它就会将前提（5-3）修改成关于（PFR）的某种形式。这个前提会是：

5-3*.（PFR）不是一个必然真理。

这个前提是错误的。休谟论证被修改成针对（PFR）的论证后，就是无效的。 *139*

请注意，对休谟问题的这种回应并不依赖于这样的假设，即每个人都知道顺着（PFR）思路的某种原则是真的。对归纳的先天辩护并不是说，为了通过归纳推理而知道一些事情，人们必须学习认识论，从而明白（PFR）为真。相反，（PFR）为真，并且因为它为真，每个人（包括那些没想过这件事的人）都有理由相信好的归纳论证的结论。换句话说，如果你是有证成地相信一个归纳论证的前提，并且没有推翻其结论的证据，那么你就是有证成地相信其结论。[12]

（四）归纳与茶叶

批评者们可能会认为，刚才对休谟问题提出的解决方案不会比单纯地规定归纳是合理的更好。有人可能会指责说，对未观察到的事物形成信念的其他任何实践，其辩护人都可以用类似的方式为他们的实践进行辩护。比如，对于未观察到的事物，如果一个人的实践是相信他脑海中浮现的第一件事，那么这个人就可能论证说，跟（PFR）相似，这种形成信念的方式是合理的。或者，举个更有趣的例子，考虑一位茶叶占卜者，即玛拉凯女士。

例子7.1 茶叶占卜者玛拉凯女士

玛拉凯女士用茶渣构成的形状来形成有关未看见的事物的信念。如果你想知道关于什么东西的事情，玛拉凯女士将会观察茶叶，通过一些秘密的公式，用她在茶叶中看到的东西来形成关于未看见的事物的信念。批评者们将她的方法当作非理性的胡言乱语来反对。一些人试图挑战她，问她是否发现她的信念被证明是正确的。当然，她回答说，担心过去的记录和表现纯粹是不理性的归纳主义者的偏见。茶叶告诉她，茶叶就是进行证明的方法。当她受到进一步的挑战时，她会为自己的方法提供一种先天辩护。她说有一个根据定义而为真的原则：

TLR. 知道茶叶能预示 p 将是真的，这会为相信 p 将是真的提供好的理由。

毫无疑问，玛拉凯女士的辩护纯粹是胡言乱语。但是，对归纳的先天辩护会比她的辩护更好吗？玛拉凯女士的理由跟我们的理由一样好吗？可能不是。关于归纳还有几点需要说明。

首先，假设结果是我们不能为（PFR）为真提供一个证明。推断（PFR）为假或者我们的归纳推理是不合理的，这些都是错误的。假设你有一些前提（或证据），并因此而相信某事。说只有当证据支持结论时，结论才是合理的，这是一回事。说只有当你能"展示"或"证明"证据支持结论时，那个结论才是合理的，这是另一回事。很难理解为何后面这种更高的要求是正确的。

其次，我们必须承认，玛拉凯女士可能对我们的回应无动于衷。但我们应该小心地区分两个目标：一是说服顽固的怀疑主义者或傻瓜；二是看看是否有某种合理的看法，据此我们的日常信念是合理的。休谟既不是顽固的怀疑主义者，也不是傻瓜。但似乎可以合理地认为他混淆了（PF）和（PFR）这两个原则。也许他会觉察到先天辩护的优点，即便玛拉凯女士不会。

再次，这也是最重要的一点，我们有很好的理由认为，对归纳的先天辩护优于玛拉凯女士对（TLR）的辩护。这个理由的基础是根本原则与派生原则之间的区别。有些原则，如果是真的，只是派生性地为真，或者作为更根本的东西的结果而为真。作为一项根本原则，如果有人提出相信某家报纸上报道的事情是合理的，毫无疑问我们应该拒绝这个主张。尽管这家报纸事实上是值得信赖的，但任何有关这家报纸的专门原则都是派生原则。这对于（TLR）也同样是真的。人们几乎不能想象（TLR）为真的情形。或许也有某些可能的情形，尽管是不现实的，在这些情形中，关于茶叶的某种可观察到的东西与人们正在探究的未观察到的事物的属性有规律地联系在一起。如果发现了这种联系的模式，那么接受（TLR）或它的某种变体就会是合理的。但这在现实世界是不可能的。在现实世界中，我们有很好的理由认为茶叶并不是可靠的预示者。在任何情况下，（TLR）这种东西如果是真的，充其量也只是偶然为真。实际上，我们并没有（TLR）为真的证据。相比之下，（PFR）并非同样是派生性的或偶然性的。如果理解得当，那么在任何情况下，使用（适当种类的）过去的模式作为未来结果的指引，这都是合理的。

最后，本章后面要讨论的最佳解释推理可能会对此有所帮助。我们将在本章末尾再回到这一点。

（五）结论

对归纳的先天辩护为休谟提出的归纳推理问题提供了一种似乎合理的回应。这种回应的关键是要求：不把休谟问题看成要证明未来将跟过去相似，而是把它看成要为这样的观念辩护，即过去的情况（或已观察到的情况）可合理地用作关于未来的情况（或未观察到的情况）的证据。这种回应依赖于这样的观念，即将已观察到的情况用作证据是合理的，这是一种关于证据之本质的先天事实，而不是一种关于现实世界的事物是如何样的偶然事实。

这种辩护并未解决关于归纳推理的许多难题。正如我们已注意到的，*141* 未来在所有方面都将跟过去相似，这不是真的，相信未来在所有方面都将跟过去相似，这也是不合理的。我们知道，未来我们将比过去任何时候都要老。确定相信哪些已观察到的模式将会继续成立才是合理的，这是一个极其困难的问题。[13] 尽管如此，对归纳推理的先天辩护至少为休谟问题提供了一种适当的回应。可以有把握地得出结论说，休谟论证并没有摧毁科学推理和标准看法。[14]

二、普通标准的怀疑主义和最佳解释

（一）替代性的假设与怀疑主义

持怀疑主义看法的人还有另外的论证来支持他们的看法。这个论证可以通过提出一个容易想到但很困难的问题而呈现出来：

> 比如，你认为你确实看到了一本书，而不是在做梦，没有陷入幻觉，你也不是一个缸中之脑，等等，让你有好的理由如此认为的证据究竟具有什么样的特征？

在此，这个问题不是关于确定性的问题。提出这个问题的怀疑主义者承认，要获得知识，我们无须有确定性。然而，他们认为，如果我们的证据好到足以给我们提供知识，那么我们的证据就必须好到足以能为如下想法提供好的理由：我们的日常信念是真的，怀疑主义的替代选项是假的。然而，他们声称，当一个人看到自己的证据时，我们的理由是否有那么好，这并不是很清晰。

这个问题可以更精确地表述如下。在任何时候，一个人的当下观察都是他现在的经验和明显的记忆。我现在觉得看到桌子上有一台电脑，感觉记得昨天看到的是同样的桌子，如此等等。更加一般地说，正如我现在感觉记住和经验到了一些事情，我的经验遵循了一些模式。我所经验到的物体要么是保持静止的，要么是以相对平稳的方式运动的。事物完全不是以随机的或混乱的方式出现和消失的。此外，随着时间的推移，地点看起来依然相似，或者它们以有规律的方式发生变化。我的办公室今天看起来跟昨天差不多。当我回家时，我的房子看起来会和我离开时一样。我花园里的植物以有规律的方式逐渐变化。事物以几乎相对稳定的方式出现，持续存在的物体会出现在一个感知系统相对稳定的感知者面前。对此，我们可以概括如下：

> O. 我拥有符合规律而有序的记忆和知觉经验。

对（O）的常识性解释如下：

> CS. 有一个持续存在且相对稳定的物理对象的世界。我的经验通常是由这些对象刺激我的感觉器官而引起的。

142　　当然，（CS）可以通过多种方式来充实其内容。事实上，人们可以把许多科学研究的结果看作对这一"理论"梗概的详细解释。对于（O），人们可能提出另外一些解释。它们包括：

BIV. 我是一个连接到一台强大电脑的缸中之脑。这台电脑刺激
　　　我的大脑，让我有感觉经验。这台电脑设置的程序使我的
　　　经验是符合规律而有序的。

DR. 我所有的经验都是梦中的经验。我的梦（通常）是比较系
　　　统而有序的。

EG. 我的经验是由一个恶魔造成的。这个恶魔为了骗我相信
　　　（CS）而使我拥有符合规律而有序的经验。

这些替代性的解释也不完整。似乎它们对（O）的解释也可以用更详细的
内容来充实。

　　普通标准的怀疑主义提出的问题是：当我们基本的感觉材料存在这些
替代性的解释时，为什么还要相信（CS）？普通标准的怀疑主义提出的这
个问题的背后是一个支持怀疑主义的决定性论证，即替代性假设论证。这
个论证的主要观念是，我们都确实相信常识性命题，而不是前面提到的怀
疑主义选项，对此，我们所拥有的证据并没有提供好的理由。这个论证可
以表述如下：

论证 7.7　替代性假设论证

7-1. 相信关于外部世界的普通命题和（CS），或者相信与之竞争
　　　的怀疑主义假设，诸如（DR）、（BIV）和（EG），但人们
　　　拥有的证据（O）为前者提供的理由并不比它为后者提供
　　　的理由更好。

7-2. 如果人们拥有的证据为相信某个假设所提供的理由，并不
　　　比它为相信另一个与之竞争的假设所提供的理由更好，那
　　　么人们对那个假设的相信就不是有证成的。

7-3. 人们对关于外部世界的普通命题和（CS）的相信是没有证
　　　成的（因而也不属于知识）。(7-1)，(7-2)

这是一个有效的论证，其结论又一次断言了一个重要的怀疑主义论点。因
此，标准看法与温和基础主义的任何捍卫者都必须给这个论证找到一种好
的回应。要找到理由否认（7-1），人们就必须揭示出相信如下看法的理

由：我们的证据确实支持常识信念而不是支持与之竞争的怀疑主义假设。
要找到理由否认（7-2），人们就必须找到相信如下看法的理由：我们的
信念是有证成的，即便它们所获得的支持并不比其竞争者所获得的支持
更好。[15]

143　　正如第四章①所讨论的，温和基础主义认为我们日常的知觉信念是对
知觉刺激的"恰当"反应。将替代性假设论证看成对这个看法的一种挑
战，这似乎是合理的。因此，下一小节要考虑的回应，都是在阐释温和基
础主义回应这个论证的一些方式。

（二）三种回应

回应 1. 知识论上的保守主义

知识论上的保守主义是这样一种看法：如果一个人的证据不能对现有
信念的某个竞争信念提供更好的支持，那么这个人保留现有信念就是有证
成的。[16]这个看法是一个似乎相当合理的实践原则在知识论上的类似物。
假设一个人正在考虑更换一些物质财产，诸如房子、汽车或电脑。一般来
说，如果一个人最后拥有的东西和更换之前所拥有的东西完全是一样好
的，那么购买这些替换物就是愚蠢的。对于一个人已经拥有的东西，如果
没有这样或那样的改善，那么做出改变就是无意义的。人们可能会明智地
用同一型号的新车替换旧车，从而获得更高的可靠性和新增的功能。人们
可能用更小、更便宜的房子替换现有的房子，如果其家庭和经济环境表明
这样做是有好处的。因此，这个原则并不说购买更大、更贵的东西总是最
好的。它只是说，只有当做出改变是有所收获的时候，这么做才是明智
的。或许这其中的一个原因是，做出改变总是有代价的，即经济上的或其
他方面的代价。如果最后所处的境况跟之前所处的境况完全一样，那么承
担这些代价就是愚蠢的。

这个实践原则的后果值得明确地指出。假设有两辆非常相似的车，即
A 和 B。你有可能处于如下境况。鉴于这两辆车的相似性，假如你已经拥
有 A，那么继续坚持拥有 A 就是合理的，将 A 换成 B 就是不合理的。但
是，假如你已经拥有 B，那么继续坚持拥有 B 就是合理的，将 B 换成 A

――――――――――

① 原文为"第五章"，系作者笔误。——译者注

就是不合理的。虽然你拥有的那辆车并不比另外那辆车更好，但继续拥有你已经拥有的比进行更换更合理。正是这种继续拥有已经拥有的东西的偏好使这个原则是保守的。

　　知识论上的保守主义认为，一个跟刚才描述的这个原则类似的原则也适用于信念。当你的证据同样地支持几个理论时，如果你已经相信其中的一个理论，那么继续相信它而不是更换它就是合理的。实际上，你已经相信其中的一个，这个事实就是打破僵局的决定者。将其运用到替代性假设论证，知识论上的保守主义认为（7-2）是错误的：尽管我们的证据对常识信念的支持，并不比它对作为常识信念之竞争者的假设的支持更好，但保持我们的常识信念却是合理的。

　　知识论上的保守主义会遭受一个重要的反驳。首先，有一种重要的方式可以摧毁相信和实际行动之间的类比。假设你已经拥有一辆车，并且正在考虑继续保留它还是更换它的问题。正如我们对这个例子的理解，你所有的选择包括拥有某辆车或其他车。也许你的选择还可以是根本就不要车，但我们可能认为，这对你来说是一个糟糕的选择。然而，在涉及信念的例子中，你确实可以选择对讨论中的命题不予判断。要明白这一点的重要性，请考虑下面的例子：

　　例子7.2　两个犯罪嫌疑人
　　　琼斯侦探已经决定性地把某个犯罪的嫌疑人缩减到两个人，即莱夫特和赖特。有很好的理由认为那是莱夫特干的，但也有同样好的理由认为那是赖特干的。也有决定性的理由认为，除了莱夫特和赖特之外，没有其他人干那事儿。

琼斯会如何想？在这种情况下，他认为莱夫特干了犯罪的事情，而赖特没干，这显然是不合理的。如果他认为是赖特干了犯罪的事情，而莱夫特没干，这同样也是不合理的。很显然，他应该悬置对莱夫特是否干了犯罪的事情的判断；同样，他也应该悬置对赖特是否干了犯罪的事情的判断。此外，他已经相信他们中的一个人干了，比如相信是莱夫特干的，这一事实本身没有任何知识论上的意义。假设琼斯首先发现了关于莱夫特的证据，然后合理地相信了犯罪的事情是莱夫特干的。他一旦了解到有同样好的证据证明赖特干了这件犯罪的事情，就应该停止相信那是莱夫特干的。再回到关于汽车的实践问题上：一个拥有一辆车的人了解到还有另一辆同样好的车，即使将他已经拥有的车交换成这另一辆车没有任何代价，他应该处理掉他已经拥有的那辆车，这也不是真的。部分原因是，这里没有跟悬置判断类似的东西。

改变信念可能要付出一些代价。至少，它在认知上是一种断裂。当考虑中的信念发生改变时，可能还会有其他信念必须做出改变。这可能会让你认为，有一些因素需要在证据考虑的背景下进行权衡，而这些另外的考虑可能会在某些情况下改变那结果。但沿着这些思路思考，人们允许实践考虑进入知识论的评价。正如我们在前几章所见到的，实践考虑可以是跟信念相关的，但这种考虑不会影响信念的认知评价。

知识论上的保守主义的捍卫者有可能找到某种方式来修正他们的理论，从而避免已提出的反驳意见。也许在刚刚给出的例子中，侦探的信念与适当修改后的保守原则可诉诸的我们的日常信念之间有种相关的区别。但是，在确立起这种区别之前，在对替代性假设论证做出回应时，最好是越过认知上的保守主义来看问题。

回应 2. 直接的知觉证成

人们可能认为：一个命题是，有我们觉得经验到的那些事物；另一个命题是，我们只是梦到了这样一些事物，或者我们被一个恶魔或计算机欺骗了，它们使我们认为有这样一些事物，或者任何其他怀疑主义选项，我们的经验证据对前一个命题的支持比对后一个命题的支持确实要好一些。这种观念的拥护者会拒绝替代性假设论证的前提（7-1）。

这种观念的一个陈述可在罗德里克·齐硕姆的著作中找到。他在自己的《知识论》（*Theory of Knowledge*）中提出的基本的知识论原则如下：

> 如果 S 相信他感知到的某事物具有某种特征 F，那么他确实感知到某事物是 F，以及有某事物是 F，这两个命题对 S 来说都是合理的。[17]

请注意，这个原则的前件要求 S 相信他感知到某事物是 F，而不仅仅是他似乎看到某事物 F。因此，这个原则可能跟我们的情况不是完全吻合，因为我们正在考虑的温和基础主义观点将基本证据看作知觉经验，而不是关于它们的信念。但齐硕姆的看法足够接近于与此相关。

值得强调的是，齐硕姆并没有从其他更基本的真理推导出以上这个原则。人们可以想象一个怀疑主义者提出了一个与这个原则竞争的原则，比如说，当一个人有某种经验，并相信自己在做梦，或者相信自己正在被一个恶魔欺骗，那么他的这些信念就是合理的。齐硕姆的看法是，他自己的原则是正确的，这个与之竞争的原则是错误的。齐硕姆的原则可以解释我们如何拥有关于外部世界的知识，注意到这一点可以部分地为他的看法提供辩护。齐硕姆的方法跟之前讨论的摩尔的观点有些相似。

为这种思路的看法进行辩护的另一位哲学家是詹姆斯·普赖尔（James Pryor）。他写道：

> 我的看法是，每当你有关于 p 的经验时，你对相信 p 就有直接的初步证成。对于你相信你正在做梦，或者你正在被一个恶魔欺骗，或者其他任何怀疑主义的假设，你的经验却没有以同样的方式给予直接的初步证成。[18]

普赖尔的观点是，我们的知觉经验让我们觉得似乎有一些外在于我们的事物，如树木、房子、其他人，等等。他认为，我们只要没有相反的证据，就可以有证成地认为事物就是它们看起来的那样。这就是他认为那证成只是初步证成的原因。这意味着，证据的支持可以被其他证据推翻。但在惯常情形中，它不会被推翻。

普赖尔承认，关于为什么我们的经验可以证成常识信念，人们想要一种内容更丰富的解释。他拒绝了许多有关于此的潜在解释。比如，他的观点不是说，我们的常识信念由我们的经验而得到证成，因为它们之间有一种可靠的联系。[19]鉴于我们的经验，我们的知觉信念似乎是不可抗拒的，*146* 人们可能试图从这个事实中得出某种结论，但普赖尔否认它有任何认知上的重要意义。[20]他对"回应 3"中讨论的"最佳解释"说明也没有给予任何重视。他为自己的观点所做的最好辩护是，我们的经验有一种"感觉得到的力量"：当我们看到一张桌子时，它"感觉起来像"那里真有一张桌子。这是他认为重要的东西。

因此，直接的知觉证成论题可被概括成如下原则：

IPJ. 每当一个人有如 p 是事实一样的经验时，这个人对相信 p 就有直接的初步证成。

这种证成只是初步的，所以它有可能被推翻。当然，对于有（IPJ）所描述的那种证成的命题，一个人还可能有另外的证成来源。因此，我面前有一张桌子，这个命题可能因直接的知觉而获得证成，同时还可能从我听某人说那里有一张桌子这个事实而获得额外的证成。

（IPJ）的一个困难是，它似乎有点临时拼凑的嫌疑。这一点可以通过设想一个恶魔理论的辩护者而得到阐明。这样的一个人同样可以断言：我们的经验"只是"关于恶魔的命题得以成立的证据，而非关于日常事物的命题得以成立的证据。此外，我们的经验使我们"感觉起来像"有外部事物存在，这个观念有可能是错误的。我们的信念或许部分地来自训练或教化，或许源于我们与生俱来的偏见。对于我们所偏爱的立场，如果有某种更一般化的辩护，那将是很好的事情。因此，人们可能会同意普赖尔的看法，我们的经验确实给我们提供了相信常识命题而非怀疑主义替代选项的理由，但人们也可能认为，对于合理的信念必须有能解释这件事的某种更一般化的理论说明。

（IPJ）的辩护者可能通过诉诸与用来捍卫归纳推理的考虑类似的考虑来替他们的观点辩护。当时的观点是，根据已观察到的情况推导出关于未被观察到的情况的结论，这完全是关于好的推理的观念的一部分。与此相似，（IPJ）的辩护者可能会宣称，根据知觉经验而相信关于外部世界的常识命题正好是好的推理。然而，对许多人来说，情况似乎有很大的不同。批评者们认为，我们拥有的经验为何能使相应的信念是合理的，必须对此给出某种解释。与（PFR）不同，一些像（IPJ）和齐硕姆原则那样的关于知觉的原则，不是根本原则。

对（IPJ）来说，还有另一个可能与此相关的困难。这个原则利用了这样的观念，即一个人拥有如 p 是事实一样的经验。这个观念看似相当清晰。你在看着一张桌子时，会有一种如那里真的有一张桌子一样的经验。

你在看到一本书时，会有一种如那里真的有一本书一样的经验。然而，对于这个观念，有一个难题，它可通过如下例子得到阐明。

例子 7.3　公园里的三个人

公园里站着三个人，分别是专家、新手和无知者，他们正看着一棵角树。他们可以清晰而一览无余地看见那棵树。那棵树呈现给公园里这三个人的视觉印象完全一样。（由于他们的位置稍有不同而产生的细微差异，在这个例子中跟其主题是不相干的。）那个专家知道很多树，而且能轻而易举地立即辨认出大多数的树，包括角树。那个新手对树木了解很少，而且对角树不熟悉。那个无知者对树木一无所知，他不知道公园里哪些东西是树，哪些东西是花。

（IPJ）的捍卫者必须面对这样一个问题：这些人究竟经验到了什么？即是说，是否他们都拥有如以下经验一样的经验：他们面前真的有一棵角树，或者他们面前真的有一棵树，或者他们面前真的有一个带有绿色和棕色的东西？或者他们拥有内容不同的经验？

如果（IPJ）的捍卫者说，他们都有如那里有一棵角树一样的经验，那么他们的理论似乎会产生不正确的结果，即甚至那个新手和无知者相信那里有一棵角树都是有证成的。如果他们说，他们都有如那里有一棵树一样的经验，那么这个理论似乎会产生一个错误的结果，即那个无知者相信他正看着的东西是一棵树，甚至他的信念是有证成的。因此，（IPJ）的捍卫者或许应该说，他们的经验是像这样的：那里真的有个部分为绿色、部分为棕色的东西。这虽然并不是明显不可接受的，但却使立即能被证成的东西的内容比这个理论的捍卫者所认为的内容更有限。

（IPJ）的捍卫者有可能认为背景信息和先前经验会影响一个人的经验。因此，尽管专家、新手和无知者在视觉上有相同的经验，但那个专家的经验是像这样的，即在他面前真的有一棵角树，而新手和无知者都没有像此命题为真那样的经验。新手（专家也很可能）有这样一种经验，即那里真的有一棵树，而那个无知者却没有这样的经验。

因此，（IPJ）的捍卫者可以以一种能产生预期结果的方式来阐释他们的观念在这个例子中的运用。但必须承认的是，一个人拥有如 p 是事实一样的经验，这个观念到底是什么意思，这远不是清楚明白的。这一切是如何运作的，对此需要有某种更好的解释。人们会有这样一种感觉，这个理论的捍卫者只是说了一些要达到预期结果所必需的东西。他们的观念还需要一个更一般化的理论基础。

148　　　这些考虑根本不是决定性的。它们没有驳倒某些知觉信念可以立即得到初步证成的观点。或许这个想法还可以扩展到记忆：记忆的信念也有直接的初步证成。如果是这样的话，那么我们对替代性假设论证的前提（7-1）就有一种回应，证明标准看法与温和基础主义正确也有了希望。然而，刚才提出的两点考虑确实表明：一个人拥有如 p 是事实一样的经验，这个观念到底是什么意思，这还有些不清楚；想知道我们的经验为什么可为常识信念提供证据，而不是为相应的怀疑主义选项提供证据，这也至少是合理的。我们接下来将讨论一种观念，它试图提供我们想要的那种解释。

回应 3. 最佳解释推理

对替代性假设论证的第三种回应同第二种回应一样，它们都认为替代性假设论证的前提（7-1）为假。但第三种回应认为，知觉经验支持我们的常识信念，这并不是一个关于知觉经验的简单事实或根本事实。相反，根据这种看法，我们的经验证据支持知觉信念，就如相关的实验证据支持科学理论一样。非常粗略地说，这种想法是，对于特定事件或事件模式可以有许多不同的理论解释。即是说，每种理论都解释了为什么事情会如此发生。但是，依照这种看法，我们可以有理论根据地认为一种解释比另一种解释更好，因此相信这种更好的解释比相信另一种解释更合理。[21]

关于什么样的解释算作最佳解释的一般观念是大家相当熟悉的。然而，要以精确的方式来阐明这个观念却是极其困难的。一个例子可以说明这个观念：

例子 7.4　变化无常的同事

你有一个变化无常的同事，每天都跟你在同一个办公室工作。你注意到，尽管你的同事的行为并不奇怪或超乎寻常，但却相当地变化不定。有时他心情很好，有时则不然。你可以对你的观察提出两种可能的解释。解释 1 是，你同事的情绪和由之而引起的行为，会随着他睡眠的好坏而变化。这种解释可由进一步的解释来充实，即为什么有些夜晚比其他夜晚睡得好以及睡眠如何影响行为。解释 2 是，你的"同事"实际上是两个不同的人，即两个有着明显不同性格的同卵双胞胎。他们从不在公共场合一起出现，也从不让任何人知道他们是双胞胎。他们把每天发生的每一件事都告诉对方，因此，对于他们应该记住的前些日子发生的事情，所有被揭露出来的情节他们似乎都相互知道。

每一种解释都与你的观察相符。在某种意义上，每一种都可以解释为什么你会观察到行为上的变化。解释 2 可能显得有些怪异或有趣。接受它似乎是非常不合理的。解释 1 要好得多。使得解释 1 更好的一个原因是，它比解释 2 更简单。解释 2 的复杂性是没有多大意义的。它涉及了两个人，他们有着奇怪的动机和习惯，还涉及一个复杂的骗人计划，而为了解释相关的数据并不需要如此复杂的东西。相信情绪变化的故事要合理得多。解释 1 的另一个优点可能是，它更适合我们关于人的背景信息。人们只是不从事解释 2 引入的那种复杂的欺骗活动。

　　另一个例子将有助于我们澄清这个观念。假设我们看到了海滩上的脚印。这些脚印的形状是人们常穿的靴子留下的形状，尽管不是人们通常会在海滩上穿的那种靴子的形状。我们可能想知道为什么海滩上会有这样一些脚印。有一种显而易见的解释，也有大量其他的解释。这种显而易见的解释和其他解释中的一个分别是：

　　　T1. 最近有人穿着靴子在那海滩上行走过。

　　　T2. 最近有母牛穿着靴子用其后腿在那海滩上行走过。

适当充实其内容后，（T1）和（T2）都确实能解释你观察到的结果。但（T1）的优点是简单。它没有引入（T2）提出的那种没有多大意义的复杂内容。（T1）是更好的解释。

　　我们必须承认，要详细地阐释清楚究竟什么是最佳解释，这是很困难的。简单性和跟背景信息一致是前面提到的两种特征。然而，彼得·利普顿（Peter Lipton）以一本书的篇幅讨论了最佳解释推理，正如他在书中指出的那样，在有些情形中，看似简单的解释却相当不合理。[22] 比如，一些阴谋论者对许多明显的暗杀事件和其他重大的政治事件提出了统一的解释。他们提出，在所有这些事件背后都有某个国际组织。大多数专家认为，那些各种各样的独立解释更合理，与此相比，阴谋论者的解释具有某种简单性。或许说，阴谋论是复杂的，因为它把一系列复杂的行为和动机归于一个组织，尽管它设法统一了对许多事件的解释。利普顿简要地阐述了最佳解释推理在怀疑主义上的应用：

> 笛卡尔式的怀疑主义者问：我们如何能知道外部世界不只是梦境，或者我们不只是缸中之脑？［作为］其答案的一部分，实在论者可能论证说，我们有权相信外部世界，因为预设外部世界的假设给我们的经验提供了最佳解释。一切都是梦境，或者我们确实是缸中之脑，这些都是可能的，但是，它们对我们经验过程的解释，不如我们都相信的那些解释那样好，因此我们在理性上有权相信外部世界。[23]

150 因此，对替代性假设论证的回应是，（7-1）是错误的。我们可以把它组织成一个正式的论证：

论证 7.8　最佳解释论证

8-1.（CS）对我们经验证据的解释比（DR）、（BIV）、（EG）或其他可用的选项所提供的解释更好。

8-2. 如果一种解释比其他任何解释能更好地解释人们的证据，那么人们的证据就能更好地支持这种解释，而非更好地支持其他任何解释。

8-3. 我们的证据能更好地支持（CS），而非更好地支持（DR）、（BIV）、（EG）或其他任何选项［因此替代性假设论证的前提（7-1）是错误的］。（8-1），（8-2）[24]

为了支持（8-1），我们可以指出这样一个事实：那些替代性的解释确实带来了某种复杂性，即令人惊奇的精密的电脑、控制我们思想的恶魔、令人难以置信的有序的梦境。这些似乎都是临时拼凑的、复杂而可笑的解释。最佳解释论证似乎是很有前途的。

尽管如此，还是有一些困难的问题。正如我们已注意到的，有些问题所涉及的是，一般而言，究竟什么样的解释算作最佳解释。此外，还有一个疑问所涉及的是，究竟为什么恶魔假设是一种如此糟糕的解释。在某种意义上说，恶魔假设既巧妙又简单。它为一切事情提供了一种万能的原因，由持续存在的物体组成的复杂世界却不能提供如此简单的原因解释。恶魔假设具有某种简单性。因此，（8-1）并非明显为真。

最后，还有一个关于（8-2）的难题。正如前面所述，这个前提是说，当一个命题比它的竞争者更能解释相关数据时，一个人相信这个命题就是有证成的。难题是：是否只要那种解释事实上是最佳解释就够了，或者说，那个人还必须意识到它是最佳解释？我们应该修正（8-2），让它能包含这样的要求，即那个人要意识到那种解释是最好的，这种想法的理由可用例子 7.3 来说明。在这个例子中，专家、新手和无知者都正在看着一棵事实上的角树。新手不能通过看的方式来识别那棵树。但是，假设新手想知道，为什么这棵树看起来是那样的，为什么它有那种特殊形状的叶子。就"最佳解释"一词的一种用法而言，似乎确实是，新手面前有一棵角树构成了其经验的最佳解释。毕竟，其他任何东西看起来都不会刚好是那个样子。但是，依照（8-2），新手相信自己看到了一棵角树，这是有证成的。但这个结果是错误的。

我们可以通过修改（8-2）来避开这个问题，即一种有证成的解释，不仅要求它是最佳解释，而且要求相信者有理由相信它是最佳解释。在刚才考虑的那个例子中，新手没有满足这个条件。因此，新的原则将会产生正确的结果。

这意味着最佳解释论证需要修正，或许其思路如下： *151*

论证 7.9 （修正的）最佳解释论证

9-1. 我们相信（CS）对我们经验证据的解释比（DR）、（BIV）、（EG）或其他任何选项所提供的解释更好，这是有证成的。

9-2. 如果我们能有证成地相信一种解释比其他任何解释会更好地解释人们的证据，那么人们的证据就能更好地支持这种解释，而非更好地支持其他任何解释。

9-3. 我们的证据能更好地支持（CS），而非更好地支持（DR）、（BIV）、（EG）或其他任何选项［因此替代性假设论证的前提（7-1）是错误的］。（9-1），（9-2）

或许（9-2）避免了（8-2）所招致的问题。或许（9-1）也是可以接受的，至少对我们中间那些思考过这些问题的人而言是如此。但我们在这里还担心一个问题。如果最佳解释的观点足以捍卫标准看法与温和基础主义，那么关于最佳解释的考虑就能证成那些根本没考虑过怀疑主义问题和这些解释的相对优势的人的信念。因此，如果这种方法是为了解释所有人的知识，那么很显然那些从未考虑过这一切的人也一定是有证成地相信（CS）比其竞争者能更好地解释他们的观察结果。或许这是真的，但其批评者很可能对这种看法持保留意见。因此，他们可能更倾向于接受（8-1）而不是（9-1）。

因此，以最佳解释来回应怀疑主义，其捍卫者面临一种两难。前提（8-1）似乎比（9-1）更合理，至少是，倘若（9-1）中的"我们"包括从未考虑过怀疑主义的普通人，那么（8-1）就似乎更合理。但是，鉴于以例子7.3为基础的反驳意见，前提（9-2）比（8-2）要更合理得多。对最佳解释观点的捍卫者来说，最好的选择是主张（9-1）为真，并因此而主张：那些从未考虑过这些问题的普通人相信（CS）是其经验的最佳解释，这个信念仍是有证成的。[25]

（三）结论

本节所讨论的对替代性假设论的三种回应并没有穷尽一切可能性，但它们确实很好地指示了回应的范围。认知上的保守主义似乎遭到了决定性的反驳。常识信念享有直接的初步证成，这个观念有一定的合理性，但也有一个至关重要的不清楚之处，它没有回答一个似乎非常合理的问题：为什么我们的经验能证成常识信念，而非证成与之对立的信念？最佳解释论试图回答这个问题。尽管这种看法在细节上还有一些难以回答的问题，但它依然是对普通标准的怀疑主义的合理回应。

人们可能想知道，我们能否有证成地相信最佳解释总是正确的。我们可以设想一个批评者提出了一些问题，它们类似于休谟对归纳提出的那些问题。对这些问题的回应也很可能是一样的：最佳解释总是为真，而且必然如此，但这不是事实。人们相信他们知道是最佳解释的东西，这是有证成的，而且必然如此，这却是事实。这甚至可能对本章早些时候讨论的休谟问题提供一些支持。一个相信观察到的规律性将继续保持的理由是，它是对一个人的经验做出最佳解释的一部分。

因此，对于普通标准的怀疑主义，我们有一种合理的回应，尽管它不是决定性的。人们可能希望对怀疑主义有一个更清晰的驳斥。提供这个反驳的难度是令人苦恼的，并且显示了怀疑主义看法挑战人们理智的力量。

附录：语境主义

在最近的知识论中，语境主义是一种被广泛讨论的理论。一些哲学家认为，语境主义为我们很好地回应怀疑主义提供了基础，同时给予了怀疑主义应有的尊重。本节我们将简略地考察语境主义。

语境主义在根本上是一种对"知道"这个词如何发挥功能的理论。它的核心意思是，使用"知道"一词的标准会随语境的变化而变化。有些时候使用它的标准很高，在这种背景下，我们通过说"S 知道 p"而表达出的东西通常是错误的。但在另外的背景下，使用"知道"一词的标准更容易达到，因而说出同样的句子所表达的东西可能为真。

通过考虑一个相对没有争议的类比，语境主义者的观点可以得到最好的理解。假设你带着一个小孩去动物园。你最先看到的几个动物是猴子和鸟。然后你走进大象区，看到一头幼象。你对那个小孩说："看那头象。它真大。"接着你逛动物园的其他地方，在其他大型动物中看到了一些成年大象。在你出来的路上，你又看到了那头幼象，它现在站在成年大象旁边。你指着同一头幼象说："看这头幼象。它真小，不是真大。"

讨厌的旁观者可能会指责你自相矛盾。他可能会让你下定决心，决定那头幼象究竟是大还是小。他可能会说："它不可能是既大又小。"你对这项指责却有一个合理的回应。这一回应基于"大"这个词起作用的方式。每当我们说某个东西真大时，我们是在把它与某个对照集的成员进行比较。我们通常不会明确地说出这个对照集是什么。但是，会话背景或语

境将帮助我们决定作为对照集的是什么。在你最初对那头幼象的评论中，
你是在将那头幼象和动物园里一般的动物进行比较。相对于这个一般的动
物集而言，那头幼象真大。后来，你是在把幼象放到大象这个更窄的动物
集中进行比较。相对于大象这个动物集而言，那头幼象真小。你并没有陷
入自相矛盾。你使用"大"这个词的语境变了。

知识论上的语境主义者认为，"知道"一词跟"大"这个词在某些方
面是相似的。在不同的背景下，"知道"这个词有不同的使用标准。在日
常背景下，当我们谈论这个世界，并对我们知道的东西做出断言时，普通
标准就有效。我们通常能满足这些标准。然而，有时我们会提高"知道"
一词的使用标准。语境主义者通常会认为，当我们讨论关于怀疑主义的论
证时，提高标准的事情就会发生。他们认为，在这种情况下，怀疑主义者
是对的。我们没有达到这种情况下适用的高标准。

语境主义者声称他们的理论有一个优点，这是我们到目前为止所讨论
的全部理论都没有的。这个优点是，它可以解释我们对知识声称的不同反
应。在日常背景下，我们毫无保留地接受各种各样的知识声称。这些知识
声称似乎显然是正确的。然后，怀疑主义的论证出现了，很多人否认他们
知道一些事情。然而，这些人随后又再次满怀信心地声称自己拥有知识。
语境主义者认为他们每次都是对的：在日常背景下，他们的知识声称是正
确的；在怀疑主义的语境中，他们否认拥有知识也是正确的。这里不涉及
任何矛盾，正如在动物园里说的那些话没有矛盾一样。

语境主义者可以通过多种方式给出他们观点的详细内容。证据主义的
语境主义接受关于证成的证据主义观念，甚至可以接受温和基础主义对于
知识的很多看法。[26]根据这种处理方式，当我们将知识归于某人时，为了
让我们的知识归赋是正确的，那个人必须要有多大程度的证成，这会随语
境的不同而变化。在日常背景下，普通标准就可以。我们可以满足这些标
准。但有时标准会更高。有时，正如我们在讨论怀疑主义时，其标准就高
得我们无法达到。在这些语境中，知识归赋通常是不正确的。

非证据主义的语境主义通常使用更接近于第五章所讨论的非证据主
义理论的知识解释，其中一种就是相关备选项理论。[27]根据这种理论，一
个人知道一个命题为真，仅当这个人可以"排除"或"去掉"所有相关

备选项。但什么东西算作一个相关备选项，取决于这个人进行知识归赋（或否认）的语境（而不是被谈论的那个人的语境）。在日常语境中，只有通常的备选项是相关的。但在某些语境中，比如在讨论怀疑主义的时候，更大范围的备选项也被算作相关的。对很多命题而言，我们可以排除一些通常的备选项，但却不能排除某些更奇怪的备选项。因此，在日常语境中，我们拥有知识，这是真的，但在其他语境中则不然。

　　一个例子将使这个观念更清晰。假设琼斯看到史密斯在朝大厅走。在谈论这一点时，你说琼斯知道他看到了史密斯。这是因为琼斯可以排除他看到了史密斯的相关备选项。这些备选项是，比如说他看到了布莱克或怀特。但他可以通过个子的大小和外形来判断那是史密斯，而不是布莱克或 *154* 怀特。因此，在这种背景下，当你说琼斯知道他看到了史密斯时，你所说的是真的。

　　但现在假设对话转变成怀疑主义。这就有了新的相关备选项。也许是琼斯产生了幻觉，也许是之前被隐藏起来的史密斯的一个同卵双胞胎兄弟朝大厅走。琼斯不能排除这些选项，因为，倘若这些选项为真，事情看起来也完全一样。因此，根据这个理论，你说"琼斯知道他看到了史密斯"，这就是不正确的。

　　相关备选项理论的捍卫者面临一个问题，这个问题关系到他们对"排除"或"去掉"的用法。他们声称，我们不能排除刚才提到的那些备选项。这是因为这些备选项都跟我们的经验一致。[28]换言之，琼斯不能因为如下理由而排除"他看见史密斯的双胞胎兄弟朝大厅走"这个备选项：琼斯从未听说史密斯有一个双胞胎兄弟；如果史密斯有一个双胞胎兄弟，他就会听说，因为他很了解史密斯。琼斯不能因为幻觉对他的观察来说是一种比较拙劣的解释就排除幻觉这个备选项。① 因此，相关备选项理论承

---

　　① 从"换言之"到"排除幻觉这个备选项"，这段话的原文疑似将两个人名搞反了。英文原文是：In other words, Smith cannot rule out the alternative that he sees Jones's twin on the grounds that he has never heard that Jones has a twin and , because he knows Jones well, he would have heard about any twin he had. And he cannot rule out the hallucination alternative on the grounds that it is an inferior explanation of his observations. ——译者注

诺了极高的知识标准。它认为，当且仅当一个备选项跟你的观察相矛盾时，你才能排除这个备选项。

无论如何阐述语境主义的具体细节，这个理论都具有一定的吸引力。它意味着我们日常的知识归赋都是正确的。如果某天早上你到教室时说："我知道我带了我的书。"语境主义者会同意你所说的可以很好地为真。与之形成对照的是，怀疑主义者会说你错了。语境主义也可以解释怀疑主义的吸引力。它认为，在我们讨论怀疑主义的语境中，怀疑主义的论证是很好的论证。在这样的语境中，怀疑主义者得出的结论是正确的。因为对怀疑主义的讨论使我们处于知识标准很高的境况，这种标准高得让我们无法满足。

语境主义也有一些不利因素。[29]首先，它对怀疑主义做出了很大的让步，也许这种让步超出了正确的范围。很多人认为，怀疑主义者说人们没有知识，这是错误的，各种各样的可错论者尤其认为这是错误的。他们认为支持怀疑主义的论证是有缺陷的。但语境主义，至少是这里讨论的一些形式的语境主义，意味着在讨论怀疑主义的背景下怀疑主义者的主张是正确的。正如我们所看到的，我们对怀疑主义有一些相当好的回应，因此很难理解语境主义为什么应该对怀疑主义做出如此大的让步。

此外，"知道"一词是否真像语境主义者所宣称的那样在转换其标准，这远不是清楚明白的。有些词语随语境而变是非常明显的，比如"大"这个词，在这种情况下，我们可以轻而易举地看出表面的矛盾不是真正的矛盾。因此，在前面的例子中，你被告知：你起初说幼象"真大"，后来又说它"不大"，你对此可能不会觉得像是陷入了自相矛盾。如果你在这些问题上比较老练，那么你就可以简单地解释说，你的意思是它"相对于一般动物来说真大"，"相对于大象而言却不大"。你不会觉得你起初所说的会因你后来所说的而成为问题。相比之下，如果你觉得怀疑主义的论证打动了你，那么你就可能认为你日常的知识声称有问题。这意味着"知道"与"大"这样的词之间有着至关重要的区别，因而语境主义的分析值得怀疑。

最后，值得注意的是，证据主义的语境主义者对怀疑主义所说的与温和基础主义者对怀疑主义所说的是相似的。回想一下，证据主义形式的语境主义者说，我们有很好的理由相信很多我们日常相信的事情，这些理由好到足以产生知识。相对普通标准而言，我们也有好的理由否认我们是缸中之脑。鉴于替代性假设论证，（按照普通标准）为什么这些理由好到足以给我们知识，这些语境主义者必须对此给出某种解释。他们很可能不得不求助于我们在回应这个论证时所讨论的那些思路中的某个观点。语境主义本身，即仅仅是知识归赋的标准是变化的观点，并没有对我们真的能满足普通标准给出任何解释。这不是对语境主义的反驳。更确切地说，这一点很重要，因为它揭示出证据主义形式的语境主义作为对怀疑主义的部分回应取决于前面讨论过的某种其他回应是否恰当。

前面提到的非证据主义形式的语境主义，即相关备选项理论，它作为对怀疑主义的一种回应是否恰当，取决于这样的观点的价值，即拥有知识就是能够排除相关备选项，这个"排除"是该理论所使用的特殊意义上的"排除"。这本身是一个有争议的理论。它似乎要面对的一个困难是，我们很难理解它如何能解释基于归纳推理的知识。这是因为人们的证据永远不能排除归纳结论为假的可能，而且在所有归纳推理的情形中，归纳结论为假为什么不是相关的备选项，这也是很难理解的。[30]语境主义也可以通过利用第五章所讨论的其他非证据主义理论的方式来获得发展。然而，它也会继承那些理论的困难。

注 释

［1］这就忽略了一些特殊情况，即你有理由认为，在不远的将来 A 是 B，但随后 A 就不再是 B。在这种情况下，你可能有很好的理由认为下一个 A 会是 B，但不是所有的 A 都会是 B。

［2］David Hume. Enquiry Concerning Human Understanding. 2nd ed. L. A. Selby-Bigge ed. Oxford：Oxford University Press，1962：section IV，part II，p. 35.

［3］Ibid.

［4］Ibid.，pp. 35－36.

［5］归纳推理之归纳性证成的辩护者转而反对前提（5-7），这是可能的。其主张会是，归纳性证成确实要（以文中所描述的方式）诉诸

（PF），但这个论证依然能证成那个原则。本段提出的考虑因素似乎也会摧毁这种回应。

[6] 参见：Hans Reichenbach. Experience and Prediction. Chicago：University of Chicago Press，1938。

[7] Brian Skyrms. The Pragmatic Justification of Induction. Choice and Chance. 2nd ed. Belmont，CA：Wadsworth，1975：43.

156　　[8] Bertrand Russell. The Problems of Philosophy. Oxford：Oxford University Press，1959：65. 罗素接着明确提出了一个稍有不同的、内容更具体的原则。

[9] 这里陈述的观念是以彼得·斯特劳森在如下著作中提出的建议为基础的：Peter Strawson. Introduction to Logical Theory. New York：John Wiley & Sons，1952。

[10] 这当然假定了你对其颜色没有相反的证据。

[11] 先天知识是一个复杂而有争议的话题。这里的主张仅仅是，（PFR）是这样一种东西，即我们可以只靠理解而知道它，就如我们知道所有单身汉都是男性或所有母亲都是家长那样。关于先天知识的更多内容，请参阅本书第八章。

[12] 有鉴于此，人们可能想要重新考察早先对归纳推理之归纳性辩护所说的内容。

[13] 这个问题通常被称作"新的归纳之谜"。对这个问题的经典表述，参见：Nelson Goodman. Fact，Fiction，and Forecast. Cambridge，MA：Harvard University Press，1955。

[14] 在第八章我们会考虑把归纳推理的先天辩护延伸到有关知觉和记忆的问题。

[15] 这里的讨论聚焦于对我们总体经验的最佳解释。对同一问题，我们会集中精力发展更窄范围的最佳解释形式。这将考察一个人在特定时间之特定经验的最佳解释。在本质上说，这会适用同样的观点。

[16] 对这个看法的批判性讨论，参见：Richard Foley. Epistemic Conservatism. Philosophical Studies，43（1983）：165－182。

[17] Roderick Chisholm. Theory of Knowledge. Englewood Cliffs，NJ：

Prentice Hall，1966：45.

［18］James Pryer. The Skeptic and the Dogmatist. Nous，34（2000）：517－549. 引文出自第536页。

［19］Ibid.，endnote 6.

［20］Ibid.，endnote 37.

［21］对怀疑主义的这种回应的一个有趣辩护可在如下论文中找到：Jonathan Vogel. Cartesian Skepticism and Inference to the Best Explanation. Journal of Philosophy，87（1990）：658－666。批判性的讨论，参见：Richard Fumerton. Metaepistemology and Skepticism. Lanaham，MA：Rowman and Littlefield，1995：207－214。

［22］Peter Lipton. Inference to the Best Explanation. London：Routledge，1993. 尤其参见第四章。

［23］Ibid.，p. 72.

［24］（8-3）否定了替代性假设论证［原文是"替代性解释论证（The Alternative Explanations Argument）"，此系作者笔误，根据前面的表述，应该是"The Alternative Hypotheses Argument"。——译者注］的前提（7-1）。但（8-3）并不意味着我们是有证成地相信（CS）。（8-3）留下了这样的可能性，即（CS）仅仅是一组糟糕解释中的最好的一个，因而是没有证成的。要用这里考虑的这种观点来支持我们的常识信念是有证成的看法，而非只是驳斥这个论证的前提（7-1），捍卫如下这个更强的主张就是必需的：（CS）不仅比它的竞争者更好，而且是非常好的解释。诉诸最佳解释的温和基础主义的辩护者也很可能捍卫这个更强的主张。

［25］这并不是在说他们有证成地相信（CS）是最佳解释（即这个信念是有适当基础的），而只是主张他们的证据确实支持这个命题。

［26］对语境主义的这种辩护，参见：Stewart Cohen. Contextualism，Skepticism，and the Structure of Reasons. Philosophical Perspectives，13（1999）：57－89。

［27］大卫·刘易斯替这个理论的一种形式进行了辩护，参见：David Lewis. Elusive Knowledge. Australasian Journal of Philosophy，74（1996）：549－567。

［28］这是大卫·刘易斯在如下论文中为之辩护的观点：David Lewis. Elusive Knowledge. Australasian Journal of Philosophy, 74（1996）：549－567。

［29］这一部分的资料来自如下论文：Richard Feldman. Skeptical Problems, Contextualist Solutions. Philosophical Studies, 103（2001）：61－85。

［30］对这一点的讨论，以及对相关备选项理论的更多反驳，参见：Jonathan Vogel. The New Relevant Alternatives Theory. Philosophical Perspectives, 13（1999）：155－180。

第八章 知识论与科学

本章考察自然主义看法。自然主义看法不是关于知识和证成条件的单一论点，而是包含了关于科学在知识论中的适当作用的一般观点。它认为科学在知识论中所扮演的角色应该比标准看法的拥护者习惯上赋予它的重要得多。我们将考察从自然主义看法中产生的两个问题。[1]第一个问题涉及一些研究结果的可能后果，这些研究结果似乎表明，人们的推理是系统性地很糟糕，或许人们知道的没有标准看法所认为的那么多。第二个问题的出现是因为知识学家通常会捍卫和讨论标准看法，而不关注科学研究的结果。自然主义者认为这是一个方法论上的错误。

一、人类非理性的证据

有大量关于人们信念之形成方式的研究，一些哲学家以此为基础得出结论说，人们是系统性地非理性的。[2]其指控是，人们有一种根深蒂固的倾向，即会犯各种各样的逻辑错误，犯各种关于概率的错误，犯各种有关因果关系的错误，等等。虽然这些结果不太可能支持像第六章和第七章所讨论的那样广泛而普遍的怀疑主义结论，但它们确实引起了我们对知识范围的怀疑。如果我们所犯错误真像批评者所指责的那样多，那么即便我们想尽量不犯错，我们或许还是没有知识。如果我们所犯错误真像批评者所指责的那样多，那么我们所知道的就不大可能有标准看法所说的那样多。

（一）被控非理性的例子

本小节将回顾哲学文献中经常讨论的几个例子，它们是基于经验证据来讨论理性的例子。在阅读下一小节的解释之前，我们鼓励读者对以下这些问题给出自己的答案。

1. 问题

问题 1：选择任务。这个实验向被试者出示了四张卡片。他们被告知每张卡片的一面是字母表中的一个字母，另一面是一个数字。他们只能看到每张卡片的一面，他们看到了一个元音、一个辅音、一个偶数和一个奇数。

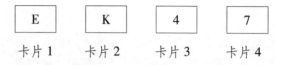

为了发现是否有卡片违反如下规则，他们被要求确定他们必须将哪些卡片翻过来查看：

> 如果一张卡片的一面是一个元音字母，那么它的另一面是一个偶数。

问题 2：银行职员琳达。另一个被讨论得更多的例子是在给定关于某人的初始描述后，要求给有关此人的多个描述的可能性之大小进行排序。[3] 初始描述是：琳达，31 岁，单身，性格直率，而且非常聪明伶俐；她在大学里主修的是哲学，曾深入地思考过有关歧视和社会公正的问题。给定这个描述后，要求人们对下列陈述按照它们为真的可能性之大小进行排序：

> a. 琳达在女权运动中很活跃。
>
> b. 琳达是一个银行职员。
>
> c. 琳达是一个银行职员，而且她在女权运动中很活跃。

问题 3：字母的频率。第三个例子揭示了关于记忆的事情。[4] 假设从英语文本中随机选取一个单词。将下列情形按可能性最大到可能性最小的顺序进行排列（1 = 可能性最大，4 = 可能性最小）：

> R 是第一个字母。
>
> K 是第三个字母。
>
> R 是第三个字母。

K 是第一个字母。

这些只是用来测试人类理性之问题中的一小部分样本。现在我们转到 *159*
人们对这些问题给出的常见答案。

2. 答案和常见回应

问题 1 的答案：条件句问题。那个问题的一位发起人报道了一项研究
结果：大约 45% 的回答者说，必须将卡片 1 和卡片 3 翻过来查看；比这个
比例略低一点的回答者说，只需查看卡片 1；不到 5% 的回答者说必须查
看卡片 1 和卡片 4。[5] 显然，这种结果是非常常见的。

批评者认为，这个结果揭示出人们有一种犯严重逻辑错误的倾向。你
确实必须查看卡片 1，因为如果这张卡片的另一面是一个奇数，那么这将
表明那个规则为假。同样，还必须查看卡片 4。如果这张卡片的另一面是
一个元音字母，那么这就证明那个规则为假。然而，那个规则并没有说卡
片的一面为辅音字母则另一面是什么。因此，卡片 2 的另一面是什么，这
无关紧要，因而无须查看它。也无须查看卡片 3。如果卡片 3 的另一面是
一个元音字母，那么这张卡片就符合那个规则。如果卡片 3 的另一面是一
个辅音字母，那么这就像卡片 2 的情形一样，它跟那个规则无关。因此，
正确的答案是必须查看卡片 1 和卡片 4，只有极少数人给出了这个答案。

值得注意的是，当人们面对的问题在逻辑上相同，但使用了更实际的
一些因素时，他们会做得更好。比如，问题涉及是否有违反如下规则的
行为：

> 如果一个人正在喝啤酒，那么这个人至少有 21 岁。

卡片的一面显示他们在喝什么（可乐或啤酒），卡片的另一面则显示他们
的年龄，人们意识到他们需要查看正在喝啤酒的人的年龄和 21 岁以下的
人所喝的东西。

问题 2 的答案：合取问题。人们通常的答案是（c），即琳达是一个
银行职员，而且她在女权运动中很活跃，这是最有可能的选项。然而，这
个选择违反了概率规则：对于任何命题 A 和 B，$Pr(A\&B) \leqslant Pr(A)$。换言
之，合取命题的概率不可能大于其合取支的概率。因为（c）是另外两个
选项的合取，所以它不可能是最有可能的选项。考虑一下（b）。（b）为

真可以有两种方式。一种方式是因为（c）为真；另一种方式是因为琳达是一个银行职员，但在女权运动中不活跃。我们称这个选项为（d）。因此，（b）的概率是（c）的概率加上（d）的概率。只要（d）有某种可能性，（b）的概率就必然大于（c）的概率，所以（c）这个常见答案不可能是正确的。〔究竟（a）还是（b）是更好的答案，研究者们对此不大感兴趣。〕

问题3的答案：选择性记忆问题。很多人说每个字母是某个单词的第一个字母比它是第三个字母更有可能。实际上，它们是单词的第三个字母的可能性更大。（在此，R和K的频率比较不是此处之研究兴趣的核心。）

（二）人类非理性论证

上一节描述的例子，以及更多与之类似的例子，都说明了人们在思维中出错的方式。根据前面描述的研究结果，一个证明我们不理性的论证〔即人类非理性论证（the Argument for Human Irrationality）〕可以被表述如下：

> 论证 8.1　人类非理性论证
>
> 1-1. 对于刚才描述的那样一些问题，人们通常给出的答案是不正确的，也是不合理的。
>
> 1-2. 如果（1-1）为真，那么人是相当不理性的。
>
> _____
>
> 1-3. 人是相当不理性的。（1-1），（1-2）

这个论证中有些明显不精确的因素。何谓"通常"给出不正确的答案，何谓"相当"不理性，这些都没有精确的解释。在下面的讨论中这种不精确性并不会起到重要的作用。问题在于这个论证能否建立起它的结论。这个论证是有效的，所以批评者必须找到一个理由来拒绝它的某个前提。反对前提（1-1），这需要论证：人们对于那些问题给出的答案并不是很糟糕，即便是在那些例子中，人们的答案也没有表明他们是不理性的。反对前提（1-2），这需要论证：未能正确回答那些问题并不是人们相当不理性的证据。意思是说，那些特殊的问题有某种特别之处，在此犯错并不表明有任何普遍的不理性。（第二种回应的结果正好让人们去关注何谓

"相当"不理性的问题。)

(三) 捍卫人类理性

有些人强烈地倾向于认为，无论前面描述的例子表明的是什么，它们都不会表明人们在任何普遍意义上是不理性的或不合理的。他们认为，人类非理性论证一定是出了什么问题。本小节将讨论这些回应中的少数几个。

回应 1. 进化论证

有一种对人类非理性论证的回应是基于这样一种观念：人类必须是理性的，因为人们已经存活下来了，人们实际上已在进化斗争中繁荣起来。[6]这种回应背后的观念相当简单。人们的信念引导人们的行为，如果人们的信念有系统性的错误，那么人们就不能在行为上取得成功。比如说，在哪里可以找到食物或如何避开敌人之类的事情，如果人类的相应信念犯有系统性的错误，那么人类就不能存活下来。因此，即便我们在那些研究中的问题上犯有错误，但在那些最能影响我们生存的广泛议题上，我们一定不会犯错。因此，前提（1-2）为假。

然而，我们很难看出在这些进化论的考虑中有任何好的理由支持认为前提（1-2）为假的看法。人类已经存活下来的事实最多表明，人们的推 *161* 理在某些方面有利于人类生存。但这远不能表明，人们在实验状况下所犯的错误，不是理性之重大而广泛的失败的证据。这有几个理由。首先，有关理论和抽象事物的许多信念与人的生存几乎没有什么直接联系。这些信念可以是非理性的，但不会威胁到生存的概率。其次，提高生存概率的信念无须为真，甚至不需要是合乎理性的。比如说，如果一个人只有最微弱的理由相信吃一种特定食物是危险的，那么这个人贸然断定那种食物是危险的，这就可能是不理性的。这会是对食物源采取极其谨慎态度的一部分。如果周围有充足的其他食物源，这种处理方式会有很好的结果。但这里涉及的信念在知识论上可能是不理性的。[7]最后，乐观和自私的信念可能对我们有利，即便它们在知识论上是不合理的。进化的压力可能会增进这种信念。因此，进化论上的考虑会证明人类非理性论证有什么地方出错了，这种想法是没有什么道理的。

回应 2. 跟语言的类比

这个论证的另一种回应依赖于推理跟语言之间的所谓类比。[8]在某种意义上说，英语的正确语法规则源自说英语的人实际的说话方式。它到底是如何运作的，这是一个复杂的问题，我们在此不予讨论。但不同于这个观念的一些选项是极不合理的。一个选项可能是由某个委员会来设定规则，这在某种程度上类似于职业体育运动当局为体育比赛设定规则。但根本没有一个管理机构为英语设定规则。一些教授和分析者可能希望他们做了那项工作，但他们根本没做。

另一个选项是，正确使用英语的规则在某种程度上是独立于人类活动而被设定的，或许就像算术规则的设定一样。算术规则似乎独立于任何人做的任何事情而存在。不管我们确立了什么样的规则，也不管我们选择怎么说，我们都不能使 $2+2=5$。[9]相比之下，英语原本可以是另外的样子。事实上，它是跟过去不同了。语言规则随时间而改变，任何阅读很久以前之英语文本的人都可以很容易地明白这一点。

如果标准的英语规则，既不是像算术规则那样的抽象的必然真理，也不是像足球规则那样由某个管理机构设定的武断的惯例，那么它们最好被视为对人们实际说话方式的归纳概括，或许是对人们实际说话方式的理想化。即是说，它们随人们如何说话而变化。但这并不是说人们从不违反英语规则。人们确实会违反。然而，人们也不可能完全错误。如果人们总体上变成以某种方式说话，这种方式最终就会成为正确的说话方式。

如果好的推理规则类似于正确说话的规则，那么它们也是随人们实际上如何推理而变化的。如果这是真的，那么人们就不可能总是错误地进行推理，甚至不可能在大量的时间里其推理都是错误的。在某种意义上说，人们必须有正确地进行推理的普遍倾向。

为了便于讨论，假设语言规则与推理规则之间的类比是一个好的类比。但目前尚不清楚，这能否提供任何好的理由来反对人类非理性论证。即便我们如何说英语在某种程度上决定了什么是正确的英语，我们仍然可能经常说错。也许是我们更深思熟虑的和反思性的话语决定了正确的标准，而我们通常的非反思性的话语则背离了这些标准。同样的事情对于推理的情形也可能为真：即便理性是由我们在更小心谨慎的时候所做的推理决定的，我们通常的和未经深思熟虑的判断也可能经常是非理性的。如果人类非理性论证的结论只是说，我们事实上经常是非理性的，那么这个结论就可能仍然是正确的。当然，如果这个结论意在断言某种更强有力的东西，即当我们更小心谨慎的时候，我们也是系统性地非理性的，那么推理跟语言之间的类比就可能摧毁人类非理性论证（或许是通过质疑它的第二个前提来摧毁这个论证）。

然而，我们有充分的理由怀疑语言与推理之间的类比是否那样有力。语言只是一种社会实践。推理似乎有所不同，它更像算术。我们心灵的构造方式有可能是，我们生来就有犯重大逻辑错误的倾向。或许我们不应该因那些错误而受到责备。或许理性信念的标准所假定的能力不能超越任何人可能拥有的能力。然而，人们即便小心谨慎，还是可能经常犯明显的错误。人们说的话经常是错误的，这个观念确实显得不合逻辑；但我们的推理经常是错误的，这个观念却并非不合逻辑。

语言与推理之间的类比为回应人类非理性论证提供了基础，这个看法是没有前途的。

（四）重新思考那些例子

上一小节考虑的两个论证力图以一种普遍的方式来回应人类非理性论证，那两个论证试图表明：关于人们如何形成信念，经验研究结果无论表明了什么，都不会表明人类是相当不理性的。我们在本小节将考察一些回应，这些回应在尽力表明那些研究结果的后果并不像人们可能认为的那样糟糕，从而更具体地审视那些例子，也更具体地审视理性概念。

回应 1. 语言问题

有些例子涉及的一个问题是，人们对语词的理解是否跟实验者想要的一样。请再考虑那个银行职员琳达的例子。该例子要求人们评价不同选项各自有多大的"可能性"。人们违反的合取规则是一个有关可能性的无可置疑的规则。然而，人们是否以实验者想要的方式来理解"可能性"这个词，这是不清楚的。为了掌握人们想的可能是什么，请考虑一个有所不同的例子。假设你去看一场特别的电影。电影讲述的是琳达大学期间的故事，琳达被刻画为一个受过良好教育的、积极参与政治活动的人。当电影接近尾声时，你会被告知，你将看到两种关于结尾场景的描述，你可以选择你将看到哪种结尾。第一个选项是，琳达在结尾场景中是一个银行职员。第二个选项是，琳达是一个银行职员，而且在女权运动中很活跃。你可能有合理的理由选择第二个选项，因为这是那个故事更"可能的"结尾方式。即是说，这是一个更好的结局。的确，第一个选项的描述没有显示琳达是否在女权运动中很活跃。但是，正是由于在第一个选项的描述中没有包括这个核心事实，所以你可能觉得第一个选项是一个糟糕的结尾，它不大符合之前的故事。人们在回答银行职员琳达事例中的问题时，可能让自己回答的问题是，有关琳达的故事哪个结尾是一个更好的结尾，而不是回答一个有关数学概率的问题。或许他们心目中对那个问题的回答是一种合情合理的回答。

如果人们是以刚才所描述的方式来解读那个问题，那么我们就根本不清楚他们是否犯有任何错误。如果他们犯有错误，这或许是他们解读那个问题的错误。在这种情形中，这个例子可能表明了人们相互误解的一种方式，但并没有表明某种使我们的信念证成会出问题的非理性。

回应 2. 缺少信息

重新考虑另一个例子，即字母在单词的特定位置出现的频率的例子。在一些类似例子中，心理学家尼斯贝特和罗斯将人们描述为做出判断时是带有"偏见"的，这是他们使用"可得性捷思法"的研究结果。[10] 因为人们似乎能想到更多以一个特定字母开头的单词，而不是以这个字母作为第三个字母的单词，所以他们得出的结论是，以那个特定字母开头的单词比以它作为第三个字母的单词多。更一般地说，当人们想到的 A 比 B 多时，或许他们通常会得出 A 比 B 多的结论。换句话说，人们是在根据可获得的有关 A 的信息进行判断。但这会让人误入歧途。在这种情形中，这是因为我们更容易想到单词的第一个字母，而不是单词的第三个字母。

如果人们就是这样做的，那么鉴于他们所拥有的前提，他们做出的推理似乎就是完全正确的。粗略地说，它是从已观察到的（或已记住的）单词的相关事实推断出所有单词的相关情况。这似乎是一个标准的归纳推理。他们得出的结论可能是错误的，但其推理并不是不合理的。

有人可能仍然会抱怨人们在这种情形中的所作所为。他们的抱怨可能是，他们本应该意识到自己有更多的相关证据，这些证据往往会削弱（或"推翻"）他们所想到的证据。也就是说，他们本应该想到这个事实，即人们的记忆是在以那样的方式起作用。[11]

很难确切地知道这个指责是什么意思。从证据主义角度评价他们的信念，这需要我们确定在这种情形中人们"拥有"的证据是什么。他们正 *164* 好将自己所想到的概率和频率信息作为证据吗？倘若如此，那么他们就相信了他们的证据所支持的东西。在这种情况下，那个例子根本就不是支持非理性的证据。他们还将其他事实作为证据吗？那些事实表明，他们回想起来的数据很可能是偏见。倘若如此，那么那个例子就是支持非理性的证据：他们所相信的东西不是他们的证据所支持的。很难说哪种看法是正确的。对拥有证据的严格看法导致的结果是，人们只有有限的证据，因而他们的信念是理性的。对拥有证据的更宽泛的看法则不然。

因此，对这种所谓错误的一种合理回应是，它不是一种没有证成的信念，也不是一种错误的推理。相反，在那种情形中，人们只是没有想到某些信息，但这些信息在某种意义上是人们本来可以考虑到的。无论如何，仅仅是得到错误的答案并不表明人们是非理性的。人们的记忆的运作方式容易使其记住的东西不具有代表性，不知道这一点并不表明他们是非理性的。

回应 3. 使用不同的规则

再考虑关于琳达的例子及其对合取规则的违反。假设人们是在进行概率评估（而非以不同的方式解读那个问题）。人们使用的是什么规则？他们很可能是通过相似性来估计概率的大小：

　　　　某个事物越像典型的 A，它就越可能是 A。

他们在做出概率比较的判断时，或许使用了这样一个规则：

　　　　如果 X 更像典型的 A 而不是典型的 B，那么 X 就更有可能是 A
　　　　而不是 B。

这些规则通常会产生正确的结果，而且运用它们也相当容易。运用它们要比运用更复杂的概率规则容易得多，但在关于琳达的例子中，运用概率规则会产生正确的结果。

在某些情况下，这些规则确实会导致错误的答案。例如，当 B 比 A 多很多时，一个事物更有可能是非典型的 B 而不是典型的 A。假定你看到一个很高的 25 岁男子，他显得身材不错。他看起来像是一个职业篮球运动员。但他很可能不是一个职业篮球运动员：符合这一描述的人中很少有人是职业运动员。职业运动员的数量很少，跟某个典型的职业运动员相似，这对概率并不是一个好的指引。

因此，对这个例子的一种合理解释是，人们使用的是一种跟概率规则不同的、相当合理的、易于使用的规则。很难理解这为什么会导致非理性。

总结

到目前为止所考虑的事例是一些人们经常形成错误信念的事例，形成错误信念的原因在很大程度上是，他们要么没有相关的证据（或者可能是未能想到相关的证据），要么不知道相关的规则，要么对问题的解读跟预期的不一样。在这些情形中，因为我们不清楚人们持有的证据究竟与什么信念相符，所以得出那是非理性的事例之结论；这并非明显是正确的。因此，那些例子不是决定性的不理性的例子。因此，人类非理性论证的前提（1-1）会受到质疑。

我们的信念究竟有多少会沾染这里讨论的种种错误，这同样是不清楚的。对这一问题的全面讨论需要审查更多有所谓错误的例子。然而，公正地说，像这里讨论的那样一些错误，并没有揭示出广泛存在的、足以在很大程度摧毁标准看法的系统性错误。前提（1-2）说经验研究结果是人们相当不理性的证据，前面的论述表明这个前提还有值得怀疑的地方，或者表明人类非理性论证的结论跟标准看法是一致的，这正好依赖于我们如何解读"人是相当非理性的"这句话。

（五）非理性指控的另一项依据

然而，还有另一类事例，在其中人们更明显地违背了证据主义标准。在这些事例中，人们受情感引导，而不是受证据引导。一厢情愿的思维就是一个例证。假设发生了一起事故，已知事故中的大多数人已死亡或严重受伤。有时候在这种真实的事例中，幸存者（或他们的亲属）在后续采访中说，他们一直相信他们会活下来。如果这些报道是真的，那么那些信念就是非理性的。（它们可能有用，但它们不是知识论上的理性信念。它们跟证据不符。）相反的情形也会发生。也许有一种过于担心的思维。例如，有充分证据表明自己能力的好学生，有时会认为自己会得到不好的分数。紧张和其他心理因素可能导致这种情况。这种过于担心的思维可能会使学生更努力地学习，如果没有这种思维，他们会没有那么努力。然而，他们的信念得不到证据的支持。许多其他的信念也可以说明类似的观点。人们可能会因为想要与众不同或想要遵守社会习俗而形成他们的信念。也许有些人相信超自然的现象，但没有证据，只是由于这些信念对他们有吸引力。此外，有时候人们确实只考虑他们部分的证据而形成信念，因为这样或那样的原因而忽略了否定性的证据。

因此，即使关于理性的实验只显示了人们对逻辑规则和概率规则的违反，并没有显示人们是不理性的，但得出结论说人们没有非理性的信念，那就错了。人们确实有非理性的信念。

（六）结论

前面"捍卫人类理性"一节中讨论的两个一般性的论证，旨在表明人们不是非理性的，但没有成功。它们没有证明人类非理性论证一定是错误的。还值得注意的是，这些论证并没有很清楚地说明人类非理性论证到底有什么问题。

在"重新思考那些例子"一节中所讨论的三种回应以不同的方式处理了那些例子。它们表明，人们没有给出中意的答案，并不是他们非理性，这也是可以解释的。但这些回应远不是结论性的。当前的讨论只处理了少数几个例子，尚不清楚类似的回应对其他例子是否有效。此外，这些讨论还说明了理性概念的复杂性和模糊性。例如，在一些情形中，人们使用简单而大致有效的规则，但在特定的事例中这种规则所产生的结果跟正确的逻辑规则所产生的结果是不一致的，我们并不是完全清楚对此该说些什么。任何违反逻辑规则或概率规则的情形都是非理性的，这种观念似乎是不合理的。所有这些加起来就是质疑人类非理性论证之前提（1-1）的理由。

最后，对广泛存在的非理性而言，一种更强有力的情形来自这样一个事实，即并非我们所有的信念都是由我们的证据所支配的。有时候，我们受情感的支配。有时候，我们会忽视一部分证据。有时候，我们会搞错我们的证据支持什么。由此而产生的信念未能成为理性的，即便它们有其他优点。但这并不是任何形式的哲学怀疑主义的依据。这也不表明人们没有能力拥有知识或理性信念。它最多表明，在某些情形中，我们的信念在知识论上是不合理的，或许这种情形比我们大多数人愿意承认的还要多。

二、自然主义的知识论

（一）背景

自然主义看法的拥护者强调，哲学与科学之间有重要联系，尤其是知识论与心理学或认知科学之间有重要联系。[12] 我们对所谓非理性之证据的讨论说明了其中的一种联系。另一种关于科学与知识论是如何联系在一起的观点可追溯到威拉德·蒯因的一篇极具影响力的文章。[13] 本节我们将考察针对标准看法的两种指责，这两种指责源自自然主义知识学家的观点。

（二）心理学代替知识论

针对标准看法的第一种自然主义指责相当于宣称：应该抛弃传统的知识论，而代之以对人类认知的实证研究。与其说这是在论证标准看法是错的这一结论，不如说是在反对哲学家们捍卫和讨论这种看法的传统方式。

蒯因在那篇文章的第一部分论证笛卡尔式基础主义是错误的。尤其是，他驳斥了如下主张：我们关于世界的知识，我们的科学知识，都可以从我们关于自身感觉的陈述中推导出来。正如我们在第四章所看到的，笛卡尔式基础主义认为，我们所知道的关于世界的任何东西都可以从我们关于自身感觉的陈述中推导出来。在第四章和第六章，我们论证说这种看法必然导致怀疑主义的结果。因此，蒯因的看法与这些结论是一致的。

然而，蒯因并没有寻求对知识的另一种解释，而是继续说，回应怀疑主义的传统努力是失败的，他的建议表面上似乎是完全放弃知识论。他写道：

感觉感受器的刺激兴奋是任何人最终达到其世界图景的全部证据。为何不看这个构造实际上究竟是如何进行的？为何不接受心理学？[14]

蒯因似乎在建议我们放弃证明我们确实拥有知识的努力，我们应该研究从感官刺激到引起我们形成关于世界的信念这个心理过程。他在一段被广泛引用的内容中阐述了这一观点：

> 知识论或者某种类似的东西，只是心理学的一个章节，因而也是自然科学的一个章节。它研究的是一种自然现象，即一种物质的人体的东西。我们给这个东西某种可由实验控制的输入——例如，某种不同频率的光线照射模式——到时候，这个东西会输出一种对外部三维世界及其历史的摹写。微弱的输入和猛烈的输出之间的关系正是促使我们去研究的那种关系，我们研究这种关系的理由跟一直促使我们去研究知识论的理由在某种程度上是一样的，即是说，为了搞清楚证据与理论是如何联系起来的，搞清楚一个人的理论是以什么样的方式超越其任何可能的证据的。……但是，旧的知识论与这种新的心理学背景下的知识论事业之间有一个显著的区别，即我们现在可以自由地使用经验心理学。[15]

如果有一个标准看法的辩护者们应该担心的论证，那么这个论证的结论不是说他们搞错了我们知识的范围，而是说蒯因似乎从笛卡尔式基础主义的失败中推出了如下论题：

N1. 我们应该抛弃关于知识的哲学思考，取而代之的是关于人们实际上如何形成他们的信念的经验研究。

虽然蒯因的著述极具影响力，但没有多少哲学家会接受（N1）。笛卡尔式基础主义的失败并不意味着温和基础主义、融贯论、可靠论和其他任何关于知识的理论也失败了。因此，我们很难明白，为什么仅仅因为笛卡尔式基础主义是不适当的就应该用心理学取代知识论。同样的问题还有一些其他的解答方式，这些方式并不会都因此而显得不适当。

此外，蒯因认为，研究引起信念的心理过程就等于研究"知识论或

168 某种类似的东西"，这种看法是误导性的。金在权（Jaegwon Kim）指出传统知识论与蒯因的建议之间有一个显著区别：这两个领域的研究主题显然不同。[16] 传统知识论研究关于理性、证成和知识的问题。它聚焦于认知上的支持和我们的基本证据是否足以支持我们关于世界的信念的问题。笛卡尔式基础主义对于认知上的支持的解释过于严格，这会导致怀疑主义。其他一些解释则不然。蒯因似乎要提出的建议需要忽视这些关于认知支持的问题，转而研究我们的感官证据与我们关于世界的信念之间的因果联系。因此，如果我们遵循蒯因式的建议，那么我们将会研究同样的关系项，即我们的基本证据和我们关于世界的信念。然而，我们将研究一种不同的关系。传统的知识学家问感觉材料与信念之间是否有认知上的支持关系。自然主义的知识学家追随蒯因，研究哪些经验会产生哪些信念。原来的知识论问题似乎是非常好的问题，很值得我们关注。因此，我们很难理解，为什么涉及我们如何推理的这另外一个研究领域的可得性，是作为知识论之核心的评价性问题的一个合适的替代者。[17]

因此，传统知识论应被心理学取代的看法几乎是没有价值的。自然主义知识论的第一个论题 N1 是没有道理的。

（三）知识论问题可以有先天的解答吗？

另一种不那么极端的自然主义强调这样的观念，即知识论能够也应该利用经验研究的成果。自然主义者认为关于标准看法的传统讨论不适当地忽视了科学知识。对这个指控的理解和评估需要强调哲学史上的一个非常重要的区分。这就是先天知识与后天知识的区分。[18] 如果一个人对什么事情的知识是"独立于经验的"，那么我们就说这个人先天地知道那件事情。相比之下，后天知识是依赖于经验的。虽然任何被提议为先天知识的例子都一定是有争议的，但还是用一个例子来说明这个观念。

对比如下两个命题：

1. 所有单身汉都是未婚的。
2. 所有单身汉都吃得不好。

你不对单身汉的生活方式做任何研究就能知道（1）是真的。比如，发放调查问卷将是毫无意义的。假设你对数千人发放了调查问卷。其中一个问题是问被调查者是不是单身汉，而另一个问题是问这个被调查者是否已婚。如果一些问卷返回的答案表明被调查者是单身汉但已婚，你不会得出结论说（1）是错的。相反，你会得出结论说那个回答是错的。没有任何经验证据能使你认为（1）是错误的。

相比之下，要想知道（2）是否为真，你就必须搞清楚一些单身汉吃的是什么。在弄清这一点之后，你就可以决定（2）是否为真。常识性信息，基于对一些单身汉的观察以及关于人的一般信息，可能会让你确信（2）实际上是错误的。但是，关于（2）的知识或关于（2）为假的知识以某种方式依赖于一些这样的信息，而关于（1）的知识却不依赖于这样的信息。因此，（1）是可以先天地知道的事情，（2）却不是。

这里的情况还比较复杂。要知道（1）为真，你就必须知道单身汉是什么、已婚是什么。这些知识当然来自经验。但这些知识只是掌握（1）所涉及的概念需要知道的东西。相比之下，你至少原则上可以完全理解（2）的意思，却不知道它是否为真。你可以理解单身汉是什么意思、吃得不好是什么意思[19]，但你对单身汉的日常饮食却一无所知。

对先天和后天知识（或证成）这对概念的准确分析还需要做相当多的工作。但这里提出的简短讨论或许足以为下面的讨论做准备。

先天知识与后天知识的区分跟自然主义知识论的讨论是相关的，因为一些哲学家认为，哲学主张一般是可以先天地知道的东西，知识论的主张尤其如此。如果这是正确的，那么其结论就是，为了知道哲学上的真理，一般不需要科学上的信息，知识论的事实尤其如此。从蒯因关于自然主义知识论的论文中可以得出的一个观念是，科学跟知识论是相关的，我们不能先天地知道知识论的事实。[20]最近有许多哲学家都同意蒯因式的看法，他们论证说，人们实际上如何形成信念的经验信息和其他有关认知的事实跟知识论是相关的。[21]这就引出了自然主义批评者对传统知识论的另一项指责。这项指责也不是说标准看法是错的，而是说：

> N2. 传统知识学家在讨论和捍卫他们的观点时没有充分利用关于我们的心灵如何运作的科学信息。

在本章余下的部分，我们将考察这项指责的是非对错。

毫无疑问，一些哲学家给人的印象是，他们的哲学主张可以凌驾于任何科学的反驳之上，或者根本就凌驾于任何反驳之上。人们可能会把这种态度与对怀疑主义的摩尔式回应联系起来。[22]下面是很像摩尔观点的一个更加晚近的陈述：

> **170** 在典型的怀疑主义论证中，我们总是发现我们对那像是不知道的东西更加确信有知识，而对那论证中的前提却没有那么确信。因此，采纳怀疑主义的结论，即我们没有那知识，这是不合理的。理性的立场反而是否定其中一个或多个前提……我们"不需要反驳怀疑主义者——我们已经知道怀疑主义者错了"。[23]

这种评论给人的印象是，作者认为任何信息，无论是经验的（科学上的）信息还是其他信息，都不可能证明怀疑主义是正确的，也不可能摧毁知识论上的其他主张。这意味着我们先天地知道我们拥有知识。

回想一下，我们在第七章也讨论了直接的知觉证成。根据那里讨论的观点，知觉经验为相应信念提供证成的证据，这是知识论上的一个根本性事实。这种观点似乎意味着我们的经验确实会证成相应的信念。我们没有用关于感官知觉之可靠性的任何科学信息来为这个主张辩护。这似乎提供了某种可以先天地知道的东西。

应该承认的是，自然主义者认为知识学家开展工作时经常没有注意认知心理学的研究结果，自然主义者的这个看法是正确的。实际上本书的第一章至第七章几乎没有援引关于我们如何思考的任何科学研究成果。所有这些给人的印象是，知识论是一个先天性的研究主题，它完全独立于科学。

在接下来的讨论中，有两个观念很重要。第一个观念是，传统知识学家提出各种各样的主张，但科学上的研究成果跟其中某些主张的关系比这些研究成果跟其他主张的关系更密切。紧接着要讨论的第二个观念是，先天知识、常识（扶手椅）知识和科学知识之间的三元区分。[24]

确定传统知识学家容易提出的几项主张，这对我们下面的讨论会有帮助。前两项主张是对第一章提出的构成标准看法的（SV1）和（SV2）的改写：

> E1. 人们对周围世界拥有大量的知识，包括关于过去、他们的当

下环境、未来、道德、数学……等等方面的一些知识。

E2. 我们关于知识的一些主要来源是知觉、记忆、证词、内省和理性洞察。

传统知识学家提出的其他一些主张已出现在第一章后面的章节。下面列出的主张代表本书中一般由传统知识学家提出的其他主张：

E3. 知识要求有证成的真信念，而且这信念没有必不可少地依赖于任何谬误。

E4. 当一个人的信念跟其证据相符时，这个人对相应命题的相信就是有证成的。

自然主义者的论点是，传统知识学家不适当地断言（E1）至（E4）之类 *171* 的东西，好像它们属于先天性的断言一样，而且他们忽视了与之相关的科学研究结果。

接下来考察先天知识、扶手椅知识与科学知识之间的区分。对于先天知识，本节先前已有所描述。扶手椅知识和学科知识皆属于后天知识。扶手椅知识包括没有任何专门科学知识的普通人都能知道的东西。它是你坐在扶手椅上就能知道的那种事情。你无须去实验室（甚至无须阅读实验报告）就能拥有这种知识。但扶手椅知识确实依赖于我们对世界上的事物的经验和观察。因此，它不属于先天知识。科学知识，正如这个名称所暗示的，它需要有关于科学问题的专门知识。这种知识只有那些有专门信息的人才能拥有。先天知识、扶手椅知识与科学知识之间的区分显然是粗略的，许多知识都难以进行归类。尽管如此，这种三元分类还是有助于思考自然主义者对传统知识论的抱怨。

诸如摩尔及其追随者那样的传统主义者断言（E1）并声称他们知道怀疑主义是错误的，此时似乎是他们在声称那是先天知识。自然主义者倾向于认为任何这样的宣称都是一种傲慢的自以为是。如果他们因此而认为这样的知识不是先天的，而且将所有非先天知识都当作科学知识，那么他们就可能得出结论说，反驳怀疑主义需要科学知识。但是，将扶手椅知识考虑进来，这可能会为传统主义提供一条更光明的道路。传统主义者没有说，任何人都先天地知道怀疑主义是错误的，或者在任何情况下都不应该这样说。他们没必要说：我们知道标准看法认为我们知道的事情，这是先天地知道的。他们反而可以声称这是一种扶手椅知识。为了发现我们知道一些事情，我们没必要去研究科学，但我们确实必须有世界上的经验。更一般地说，这里的看法意味着，传统知识学家在阐述他们的理论时所依赖的大量信息都是扶手椅知识。

这种看法有几个优点。首先，它的辩护者可以承认一个似乎显而易见的事实：我们知道关于这个世界的特定偶然事实，这并不是我们所拥有的先天知识。我们知道有关过去的一些事情，或者知道我们周围物体的颜色和形状，但我们完全不是先天地知道我们知道这些事情。正如我们已获知关于过去或我们周围世界的特定事实一样，我们已获知我们知道这些种类的事情。这些事情本来可以有不同的结果。我们本来也可以不知道这些种类的事情。因此，我们不是先天地知道它们。然而，似乎同样清楚的是，为了知道我们拥有知识，我们没有必要成为认知科学家。

当摩尔和其他传统主义者在说自己知道怀疑主义者是错误的时候，这不需要承诺一个似乎不合理的断言，即任何科学知识都不可能摧毁标准看法。至少如下情况确实有可能：认知科学将揭示出我们的知觉系统在特定环境中是高度不可靠的，我们当作知识的一些事情实际上是错误的，或者我们关于它们的信念，如果为真，那也只是碰巧为真。[25] 实际上，诸如本章第一节所考察的大量的研究成果联合起来的力量可以导致这样的结果，即我们知道的事情远没有标准看法所包含的那样多。如果将这个当作不可能而排除掉，那将是一个错误。

因此，一旦扶手椅知识得到明确的确认，传统主义者与自然主义看法的拥护者之间的争论或许就会消除。一些自然主义者强调的一点是，有些知识论的断言不是先天的。这是正确的。我们的知识，即我们知道很多和我们知道什么，本身不是先天知识。换句话说，我们不是先天地知道（E1）和（E2），也不是先天地知道标准看法为真。一些传统主义者的断言是，为了知道这些真理，科学信息是不必要的。这也是正确的。我们的知识——标准看法为真——是扶手椅知识。

联系到我们的一些断言的地位，即对知识的各种来源之地位的断言，这里还有一些复杂情形需要注意。在思考这一点时，记住基本原则与其他不太基本的原则之间的区别，这将是有所助益的。传统主义者可能认为知识论的原则是先天知识。这意味着在回应休谟问题时，像（PFR）这样的基本原则是可以先天地知道的。[26] 与此相似，关于言词证据的原则也是可以先天地知道的，这种看法也不是不合理的。或许类似如下的某种东西就是有关言词证据的一个先天真理：

> TE. 对给定的主题而言，我们知道一个特定的来源在过去是值得信赖的，这就为我们提供了一个好的理由去相信这个来源未来在这个主题上所证明的事情。

像（E3）和（E4）那样的断言，或许也是可以先天地知道的。科学上的进步不会摧毁像这样的一些断言。即使科学会证明我们坚信的某些东西是错误的，或者我们通常所信赖的一些知识来源是不值得信赖的，但像（E3）、（E4）或（TE）这样的一般原则却不会因此而受到质疑。

我们对于诸如（TE）这样的普遍真理可以有先天知识，这个断言不应该跟另一个断言相混淆，即我们对特定的知识来源值得信赖这个事实拥有先天知识。传统主义者不需要断言，他们对诸如受到广泛尊重的全国性报纸之类的知识来源的值得信赖拥有先天知识，也不需要断言，我们先天地知道超市小报不那么值得信赖。所有这些都是我们从经验中学到的。只有像（TE）这样的一般原则才是可以先天地知道的。

我们关于知觉和记忆之可靠性的知识仍然有一个难题。请考虑如下断言：

> REL. 我的知觉和记忆是我周围世界的可靠指南。

173

有一种观点是，我们对于（REL）拥有扶手椅知识。根据这种观点，在没有任何专门的科学知识的情况下，我们对（REL）的相信是有足够证成的。当然，科学信息有可能会推翻这种证成。科学信息也有可能进一步证实（REL）。关于（REL）的难题涉及我们如何可能知道它是真的。我们如果真的知道任何这种事情，那么大概是通过如下这样一个"跟踪记录"论证而知道的：

论证 8.2　记忆论证

2-1. 我有来自记忆的信念 M1，M2。

2-2. M1，M2，…中的绝大多数都是真的。

2-3. 我的记忆是可靠的。(2-1)，(2-2)

每个人都可能用一个像这样的论证来建立起他或她自己的记忆的可信赖性。然而，这些跟踪记录论证似乎不足以建立起它们的结论。如果（2-3）对我来说还不是有证成的，那么就很难理解我如何能接受（2-2）是有证成的。如果我还不知道我的记忆是值得信赖的，那么我怎么能有证成地接受"我的绝大多数来自记忆的信念为真"这个命题呢？对于知觉的可靠性，我们也可以构造出一个类似的论证。也可能会有类似的反对意见。

　　如果对记忆和知觉之可靠性的跟踪论证是无效的，那么人们还可以尝试提供一种先天的辩护，这类似于我们在第七章为归纳法所提供的辩护。但这种努力似乎从一开始就注定要失败。我们的记忆或知觉是我们周围世界的可靠指南，这完全不是任何先天真理。即便是标准看法也不承认它们是完全可靠的。当然，它们有可能没有（我们相信）它们实际上会有的那么可靠。因此，对于记忆和知觉之可靠性的先天论证似乎也是没有前途的。

　　这里至少还有另一个选项。在开始探索这个选项时请注意，以下这种看法是错误的：对来自记忆和知觉的信念，人们是有证成的，仅当人们对记忆和知觉之可信赖性的信念是有证成的。人们必须拥有关于自身信念之优点的那些信念，即元信念，这种想法过度地理智化了何谓拥有证成的问题。小孩和其他没有想过证成问题的人都仍然可以拥有得到证成的信念。因此，为了得到有证成的知觉信念或记忆信念，人们不必首先确立起（REL），或者确立起某种与（REL）类似的东西。[27] 比如，年幼的孩子基于知觉和记忆可以知道大量有关他们周围世界的事情，但他们不必相信任何类似于（REL）的东西。[28] 相信类似于（REL）的东西，这需要某种他们很可能缺乏的成熟老练。

如果这是对的，那么对跟踪记录论证的抱怨就是错的。这种抱怨是：*174*
为了有证成地相信 M1、M2 等为真（在此，M1、M2 等是一个人的记忆信念），这个人需要事先有证成地相信记忆是可靠的；为了有证成地相信自己的绝大多数知觉信念是真的，一个人需要事先有证成地相信知觉是可靠的。但这种抱怨是错误的。一个人的知觉经验可以更直接地证成知觉信念，一个人的记忆可以更加直接地证成 M1、M2 等。为了单个的信念是有证成的，人们无须有能力将这些信念一起归到"知觉信念"或"记忆信念"的类目之下。因此，在人们没有意识到自己的信念是何种类型时，因而也没有意识到记忆论证的前提（2-1）及其有关知觉的类似前提有证成时，前提（2-2）和有关知觉的类似信念依然可以是有证成的。

当我们变得更加成熟老练时，我们学会了反思自己的信念。当这种情况发生时，我们就获得了对有关我们信念之来源的信念的证成。我们意识到一些信念落入了知觉信念的类目之下，另一些信念落入了记忆信念的类目之下。当然，这并不需要非常成熟老练，也肯定不需要专门的科学知识。因此，随着时间的推移，我们逐渐知道我们的一些信念来自知觉和记忆。当我们能够把这些要点归到一起时，我们就能运用跟踪记录论证来证成（REL）了。

我们对于（REL）可能还有一些更复杂的辩护。回想一下第七章的最佳解释论证。支持最佳解释论证的考虑可能也适用于目前的情况。[29]知觉和记忆是可靠的，当下我们之所以如此认为，可能因为它是我们总体经验之最佳解释的一部分。知识论上的自然主义者会立即指出，科学信息有助于我们理解这些问题。即是说，它能让我们更好地理解我们的认知系统什么时候恰好工作失灵和什么时候恰好工作正常。传统主义者声称，我们先天地或者坐在扶手椅上就知道我们所知道的有关知觉和记忆的一切东西，这种宣称肯定是错误的。对于这个问题，我们从关于认知的细致研究中肯定可以获得更加精细而彻底的理解。

倘若像这样的事情是真的，那么我们就可以拥有扶手椅知识，即（REL）为真。如果传统知识学家认为（REL）是可以先天地知道的，那么他们就搞错了。如果自然主义看法的拥护者认为，只有那些熟悉科学工作的人才能获得信息，从而知道（REL），那么他们也搞错了。

因此，我们或许只能对有限数量的基本知识论真理（及其逻辑后承）拥有先天知识。这会包括（PFR）、（TE）这样的原则，以及一个与它们相关的原则，即关于"人们相信自身感觉材料的最佳解释"之合理性的原则。或许有关知识和证成的一般解释也是可以先天地知道的。我们知道特定的事物，或者特定的认知来源事实上是值得信赖的，像这样的事实最
175 好被看作后天知识。但这些可以是坐在扶手椅上就能知道的后天知识。正因如此，我们才可以在没有关注科学研究结果的情况下讨论这些问题。

三、结论

基于对自然主义看法的回应，本章考察了标准看法面临的两个挑战。第一个挑战来自实证研究，此研究意在表明人们是系统性地糟糕的推理者。如果这是正确的，那么它就会摧毁标准看法的大部分断言，尽管不会摧毁其全部断言。本章的论点是，实证研究的结果可能会表明我们的推理中有各种各样的错误、曲解和无知，但并不能证明，推理中如此广泛存在的非理性会摧毁标准看法。

第二个挑战的理由是自然主义知识学家的论证。他们的论点并非说标准看法是错误的，而是说，讨论和捍卫标准看法的传统哲学方式是不合适的。这可能是一些传统知识学家夸大了可以先天地知道的东西，也可能是他们不正确地假定了科学的研究结果跟所有知识论上的断言无关。对传统知识学家而言，仔细区分他们可以先天地知道的东西与他们可以坐在扶手椅上知道的东西，这也是很重要的。有了这些要点，我们就可以有把握地说，自然主义者的论证并没有摧毁传统的知识论。

注　释

[1] 在提出这些问题时，我们的注意力转到了第一章提出的（Q5）。

[2] 对这些研究结果的一个很好的归纳总结，可在如下著作中找到：Richard Nisbett, Lee Ross. Human Inference: Strategies and Shortcomings of Social Judgment. Englewood Cliffs, NJ: Prentice Hall, 1980; Thomas Gilovich. How We Know What Isn't So: The Fallibility of Human Reason in Everyday

Life. New York：Free Press，1991；Scott Plous. The Psychology of Judgment and Decision Making. New York：McGraw-Hill，1993。对这些经验结果及其哲学意义的详细讨论，参见：Edward Stein. Without Good Reason：The Rationality Debate in Philosophy and Cognitive Science. Oxford：Clarendon Press，1996。

［3］对这个例子的此种描述采自：Edward Stein. Without Good Reason：The Rationality Debate in Philosophy and Cognitive Science. Oxford：Clarendon Press，1996：1。这个例子的原初版本有所不同，它最初出现在：Amos Tversky, Daniel Kahneman. Extensional versus Intuitive Reasoning：The Conjunction Fallacy in Probability Judgment. Psychological Review，90（1983）：293－315。

［4］描述这个例子的文本是：Richard Nisbett, Lee Ross. Human Inference：Strategies and Shortcomings of Social Judgment. Englewood Cliffs, NJ：Prentice Hall，1980：19。

［5］沃森最先报道了这个实验，参见：Peter Wason. Reasoning//Brian Foss, ed. New Horizons in Psychology. Harmondsworth, U K：Penguin，1966。这里提供的描述出自：Scott Plous. The Psychology of Judgment and Decision Making. New York：McGraw-Hill，1993：231－232。

［6］关于这个论证的详细讨论，参见：Edward Stein. Without Good Reason：The Rationality Debate in Philosophy and Cognitive Science. Oxford：Clarendon Press，1996：chapter 6。

［7］斯蒂克讨论了这个例子，参见：Stephen Stich. The Fragmentation of Reason. Cambridge, MA：MIT Press，1990：61－63。其观念采自如下著作：John Garcia, et al. Biological Constraints on Conditioning//Abraham Black, William Prokasy, eds. Classical Conditioning. New York：Appleton-Century Crofts，1972。

［8］这个论证的一个来源是科恩的一篇很有影响力的论文，参见：*176* Jonathan Cohen. Can Human Irrationality Be Experimentally Demonstrated? // Behavioral and Brain Sciences，6（1983）：317－370。

［9］当然，我们可以改变使用语词的方式，以至于符号"5"的意思

是 4。

［10］Richard Nisbett, Lee Ross. Human Inference: Strategies and Short-comings of Social Judgment. Englewood Cliffs, NJ: Prentice Hall, 1980: 19.

［11］Ibid., p. 20.

［12］本节的资料利用了最先在如下论文中提出的一些观念，参见：Richard Feldman. Methodological Naturalism in Epistemology//The Blackwell Guide to Epistemology. John Greco, Ernest Sosa, eds. Malden, MA: Blackwell, 1999: 170－186。

［13］Epistemology Naturalized//W. V. O. Quine. Ontological Relativity and Other Essays. New York: Columbia University Press, 1969.

［14］Ibid., p. 75.

［15］Ibid., pp. 82－83.

［16］Jaegwon Kim. What is Naturalized Epistemology?. Philosophical Perspectives, 2 (1988): 381－406. 尤其参见第 390 页。

［17］替蒯因所做的一个辩护，参见：Hilary Kornblith. In Defense of a Naturalized Epistemology//The Blackwell Guide to Epistemology. John Greco, Ernest Sosa, eds. Malden, MA: Blackwell, 1999: 158－169。

［18］这些观念在前面讨论归纳问题时就已经被提出来了。

［19］这个例子毫不依赖于"吃得不好"这个说法的模糊性。用某种精确得多的说法替代它之后，丝毫不会影响这个例子的意思。

［20］有些哲学家认为没有什么东西是可以先天地知道的，或者说先天与后天的区分是无意义的。在此我们不会讨论这个问题。

［21］比如，可参见：Philip Kitcher. The Naturalists Return. The Philosophical Review, 101 (1992): 53－114。重印于文献：Alvin Goldman. Epistemic Folkways and Scientific Epistemology//Naturalizing Epistemology. 2nd ed. edited by Hilary Kornblith. Cambridge, MA: MIT Press, 1994: 291－315。

［22］参见本书第七章。

［23］John Pollock. Contemporary Theories of Knowledge. Totowa, NJ: Roman and Littlefield, 1986: 6.

［24］对于这个话题的讨论，其他人也做出了类似的区分，比如参

见：Susan Haack. Evidence and Inquiry. Oxford：Blackwell，1993：chapter 6；Harvey Siegel. Naturalize Epistemology and "First Philosophy". Metaphilosophy，26（1995）：46－62。

［25］即是说，我们经常遇到葛梯尔式事例，这比我们所认为的还要多。

［26］说（PFR）本身是可以先天地知道的，这并不是说，我们借助其运用所知道的东西也是可以先天地知道的。借助（PFR）的运用而得到的知识依赖于非先天的知识，即事物过去已以特定的方式存在。

［27］与此相似，为了拥有通过归纳推理而获证成的信念，人们无须证明归纳推理是有效的。

［28］这并不是说，知觉和记忆必然是证成的来源。或许人们的知觉经验有可能是瞬间闪现的、支离破碎的。这种经验对关于外部世界的信念可能不会有任何程度的证成。然而，包括小孩在内的正常人的更丰富、更一体化的经验能证成关于世界的信念，这无须相信者有证成地相信（REL）这样复杂的东西。

［29］回应怀疑主义的一些不利因素在此也是适用的。这里有一个问题，即没有考虑过这些事情的人为何可以有证成地相信他们的记忆和知觉信念。参见本书第七章第二节［原文是第七章第五节（Section Ⅴ），实际上第七章没有第五节。——译者注］的讨论。跟这里的讨论特别相关的是"回应 3"的最后几个自然段的内容。

第九章　知识论上的相对主义

　　关于标准看法的最后一组问题来自对相对主义看法的考虑。跟自然主义看法相似，而不同于怀疑主义看法，相对主义看法意味着我们与其说标准看法是错误的，不如说它是不完备的，它未能将一些重要因素考虑在内。相对主义看法的起点是这样的观察结果，即我们的认知具有丰富的多样性，理性的人们似乎可以有实质性的观点分歧。标准看法似乎忽略了这一点。本章将考察这些观点及其后果。[1]

一、几种无争议的相对主义

（一个相对主义的批评者）哈维·西格尔（Harvey Siegel）对相对主义的描述如下：

> 知识论上的相对主义可以被界定为这样一种看法，即知识（和/或真理）是随时间、地点、社会、文化、历史时期、概念图式或框架或者个人训练或信仰而变化的，因此什么东西算作知识取决于这些变量中的一个或多个的值。[2]

人们可以从西格尔对相对主义的刻画中抽取许多不同的观点。我们将从一些简单而无争议的想法开始讨论。请考虑如下断言：

R1. 一个人所知道的东西可能不同于另一个人所知道的东西。

R2. 一个人在某个时间所知道的东西可能不同于他在另一个时间所知道的东西。

　R3. 一个社会普遍知道的东西可能不同于另一个社会普遍知道的东西。

R4. 一个社会在某个时期普遍知道的东西可能不同于这个社会在另一个时期普遍知道的东西。

至少除了怀疑主义者之外，没有任何人会不同意这些论题中的任何一个。

关于（R1）至（R4）的含义，有一点需要澄清。考虑一下（R1）。有一个事实可以使它为真，即我们每个人都有自己的秘密，有些关于我们自己的事情，其他任何人都不知道。因此，我们每个人都知道一些别人不知道的事情。这并不意味着，一个人可以知道跟其他人所知道的不相容的事情。（R1）并不意味着：我可以知道在某个特定的时间、某个特定的地方正在下雨，然而你可以知道此时此地没有下雨。（R1）只是说我们可以知道不同的事情。同样看法也适用于（R2）至（R4）。

就合理的或有证成的信念而言，类似于（R1）至（R4）的看法也是正确的。不同的人可以合理地相信不同的事情，不同社会广泛持有的合理信念可能不同。合理的信念也可以随时间而变化。此外，就合理的信念而言，我们合理地相信什么东西可以存在直接的冲突，承认这一点是没有争议的。在本书的前面章节中，我们已多次看到这一点。古人有关地球形状的信念可能是合理的，但它们不同于我们现在关于地球形状的合理信念。这根本不存在什么特别的争议，也不会给标准看法的相关事情带来什么问题。这些都不是相对主义的论题，或者说，如果它们是相对主义的论题，那么这些形式的相对主义也是完全无争议的。西格尔在刻画相对主义时，心中大概还有别的什么想法。

二、严肃的相对主义

一个更引人注目的相对主义论题是关于知识或合理信念之标准的论题，这或许是西格尔心中所想的。史蒂芬·斯蒂克（Stephen Stich）在如下这段文字中提出了这样一种相对主义的解释：

> 什么东西使得一个推理系统或一个信念修正系统是一个好的系统，如果我的解释对有关使用该系统的个人或群体的一些事实很敏感，那么这种解释就是相对主义的。结果可能是，某个系统对某个人

或某个群体是最好的，而另一个颇不相同的系统对另外的个人或群体则是最好的。[3]

这里的意思是，我们没有关于理性和知识的唯一正确标准，某种东西是否算得上理性或知识，这在某种程度上是以这样或那样的方式相对于一套标准而言的，这套标准会随环境的变化而变化。我们可以这样来表述这种形式的相对主义：

> R5. 某个人或某个群体形成信念的正确（或合理）系统（或原则）可以不同于另一个人或另一个群体形成信念的正确（或合理）系统。

179 相对主义通常跟"绝对主义"形成对照，依照绝对主义的看法，我们只有一个可适用于所有人的正确系统。

对相对主义的这种表述还不够清晰，因而难以评价它是否有问题。一个简单的例子将有助于澄清这个议题。

例子 9.1 两位教师

埃克斯帕特（Expert）教授是她所在领域的一位杰出学者。在课堂上，她详细而准确地讲解了课程资料。学生仔细地听了她所讲的东西，除非发生极不寻常的事情，否则，学生都会接受她所讲的内容。普罗沃克提乌（Provocative）教授也是他所在领域的一位杰出学者，但在他的课堂上，为了激发学生借助课程资料来思考，他通常说一些离谱的话。学生仔细地听了他所讲的内容，除非发生极不寻常的事情，否则，学生都会拒绝接受他所讲的内容。

在例子 9.1 的两个班上，学生们遵循着不同的信念形成规则。一群学生遵循的规则是相信教师所说的东西，另一群学生则遵循相反的规则。说一个规则是唯一正确的，这是错误的。我们或许会说，每个班的学生都在使用一种适合自己所处环境的规则或标准。

规则之间的差异可能比例子 9.1 所显示的还要大得多。例如，对许多命题而言，我们认为视觉证据是特别重要的。因此，如果你想知道冰箱里是否有苹果，视觉证据会比你对冰箱里先前有什么东西或冰箱旁边的清单上有什么东西的记忆更重要。但视力极差的人不会给予视觉证据同样的优先性，他们将遵循不同的规则。另一个例子是，人们在截然不同的社会中长大，在有些社会中科学研究的价值远没有获得许多当代文化给予它的那么多信任，他们也会遵循不同的规则。

如果这些例子所表明的这种差异足以使（R5）为真，那么这种形式的认知相对主义就几乎可被确信为真。这种相对主义是相对地没有争议的。对某个人或某个群体最有效的规则可以不同于对另一个人或另一个群体最有效的规则。倘若这就是相对主义的全部含义，那么它就确实是正确的。

我们到目前为止所描述的这种相对主义并没有威胁到标准看法。这与前几段中提出的观点是一致的，即我们确实知道标准看法所说的我们知道的事情，而且它所确认的知识来源也确实是知识的来源。此外，温和基础主义对知识和证成的解释与相对主义也是一致的。

然而，我们有理由怀疑，到目前为止所描述的相对主义论题是否揭示了相对主义看法的核心。怀疑这一点的一个理由是，到目前为止所断言的一切，与人们可以合理地当作有关认知问题的绝对主义看法也是一致的。除非绝对主义是一种简单得有些天真并且显然不能让人满意的教条，否则，它也意味着我们在不同的环境中应该运用不同的原则。为了不同意我们对例子9.1的相对主义评价，一个绝对主义者不得不说，要么所有学生都应该始终相信他们老师所说的话，要么所有学生都不应该相信他们老师所说的话。然而，显然没有人会这样说。事实上，这两个班的学生的策略似乎都遵循单一的一个更普遍的原则，这个原则的大意是，人们应该相信他们有理由信任的信息来源者所说的事情。[4] 同样，绝对主义者否认具有不同感知能力的人可以合理地以不同的方式对待感知证据。同样，一个适当的、更普遍的原则很可能适用于所有情况。相对主义，如果值得注意的话，必然意味着比这更多的东西。相对主义肯定含有绝对主义者想要否定的某种东西。

还有一个更成问题的论题，至少很多哲学家都把这个论题跟相对主义联系在一起。[5] 我们很难准确地表述这个论题。下面这段话是这个看法的一种表述：

与仅仅属于当地本身所接受的一些标准或信念不同的东西是真正理性的，对一个相对主义者而言，这个观念是没有意义的。因为他认为不存在独立于语境或超越文化的理性规范，所以他并不将理性地持有的信念和非理性地持有的信念看作两种明显不同的、在性质上有区别的事物。[6]

这里的核心主张被包含在第一句话中。它将作为我们对相对主义的另一种陈述：

> R6. 不会有"与仅仅属于当地本身所接受的一些标准或信念不同的东西，是真正理性的"。

（R6）似乎意味着某种更有争议的东西。在思考例子9.1的时候，我们认为，埃克斯帕特教授班上的学生相信她所说的，这确实是理性的；普罗沃克提乌教授班上的学生拒绝他所说的，这也是理性的。而且，事实上并非学生们实际所拥有的不同做法使得他们是理性的。我们可以设想埃克斯帕特教授班上的一些过于苛刻的学生根本不接受她所说的东西。他们可能有这种批判性的做法，然而不相信她所说的，这是不合理的（至少根据先前所运用的那种观点是这样）。与此相似，普罗沃克提乌教授班上的一些过于轻信的学生可能会不合理地相信他所说的离谱的东西。因此，我们之前的讨论似乎假定了存在关于何谓真正理性的事实。（R6）否认有这样的事实。显然，（R6）的捍卫者认为，没有比当地标准更理性的东西。因此，如果某个群体接受了一项标准（比如，相信那位教授所说的），而另一个群体在描述性的事实方面处于相同的境况，却接受了另外的标准（比如，拒绝那位教授所说的），这两个群体都是理性的。

我们很难解释和评价（R6）。（R6）的捍卫者大概会认为，理性在某*181* 种意义上是特殊的，而其他性质"真的"可运用于事物。如果他们也认为一些事物并非"真正"是方的，并非"真正"是有人性的，并非"真正"是由原子组成的，那就很难理解他们为什么会费功夫去说事情并非"真正"是理性的。关于这些问题，相对主义显然是荒谬的。再举一个例子：假定某个社会的人们正在遭受一种罕见的疾病，如果我们认为没有真的引起这种疾病的相关事实，只有关于这个问题的当地信念，那么这个想法会是错误的。如果某个群体认为这是由病毒引起的疾病，而另一个群体认为这是由食品污染引起的疾病，那么他们就真的有分歧，而且不可能都正确。[7]因此，一个合理的问题是，为什么相对主义者认为理性在这方面是特殊的。

人们可能会认为没有什么是"真正"理性的，因为每个思考这件事的人都会从自己的视角或背景来处理这个议题。人们并不享有观察事物的特权优势视角。你无论如何看待理性，都会受到你的经历、文化和其他因素的影响。像这样的事情很可能是真的。我们可以做一些事情以尝试克服自己的一些偏见，但我们还是会从我们那时所拥有的视角或观点来看待事情。然而，因此而认为不存在关于这个问题的真相，这是没有理由的。在对包括物体形状或疾病原因在内的任何一个话题做出判断时，我们都必须从自己的角度做出判断。同样，我们可以做很多事情来避免偏见，但我们的结论总会受到我们的视角或观点的影响。并不能由此得出结论说，物体没有"真正的"形状，或者疾病没有真正的病因。

最后，令人费解的是：捍卫（R6）的人为什么无论如何都不承诺某种形式的绝对主义？这样的人认为，理性的唯一标准就是当地标准。那么，为什么不说，对一个人而言，真正理性的东西就是当地标准所要求的东西？也就是说，（R6）似乎等同于如下说法：

　　　A1. 一个人遵循当地所接受的理性标准，这始终是真正理性的。

（A1）是一条让人非常难以置信的规则：当地标准有可能包含愚蠢规则。但就当下的目的而言，这并不是关键。关键在于，根据我们的分析，即便是最后这种形式的相对主义似乎也会变成某种形式的绝对主义。

到目前为止，我们的结论是存在多种毫无争议的相对主义，例如（R1）至（R5）。这些形式的相对主义与大多数绝对主义者的主张是相容的，跟标准看法所蕴含的任何东西也是相容的。（R6）表达了另一种形式的相对主义。但这种形式的相对主义是不合理的，得不到好的辩护。它也相当于是一种不大合理的绝对主义。毫无疑问，人们还可以发展出一些其他形式的相对主义，而且仍有可能发展出更好的版本。

所有这些都不应成为不考虑认知多样性的理由，对认知多样性的观察

182 在一定程度上导致了相对主义看法。人是多种多样的，否认这一点或傲慢地认为自己的看法优于他人的看法，这都是错误的。然而，要从这些观察中提取出任何有意义的知识论原则，这是很困难的，至少提取不出任何会摧毁标准看法的原则。

三、合理分歧

关于一个有争议话题的讨论，最后以宣布理性的人们可以对所讨论的议题持有不同意见而结束，这种情形并不少见。相对主义看法的拥护者急于承认这种看法是正确的。在政治、宗教和哲学的讨论中会得出这种看法，有时科学讨论中也有不同意见。也许人们希望，这能允许有值得尊重的不同意见，也能更大程度地宽容相反的看法。下面的内容并不是要贬低尊重和宽容的价值。相反，下面要处理的是关于理性的人们可以在多大程度上有分歧的问题。意见分歧可以在多大程度上是合理的，或许相对主义者和绝对主义者有着不同的看法。

（一）合理分歧的无争议情形

我们最好从澄清这个问题开始。这可以通过识别和排除两种情形来实现，这两种情形似乎涉及明理的（或理性的）人之间的分歧，但这种分歧与这里要讨论的问题无关。

首先，人们可能会认为一个理性的人具有一种普遍的倾向，即获得理性信念的倾向。正如一个诚实的人可能不寻常地说一次谎，一个理性的人可能偶尔会持有不合理的信念。当一个理性的人在持有这样的信念时，他不会同意另一个理性的人的观点，这个人拥有类似的证据，但没有陷入理性上的失误。这显然不是"理性的人们可以有分歧"这句话所要传达的意思。相反，它传达的意思是，在同样的情况下，两种意见都是合理的。

理性的人们可以有分歧，对此，另一种没有争议的理解方式主要依赖于什么算作意见分歧。假设我喜欢香草冰淇淋，而你更喜欢巧克力。在某种意义上可以说，我们对某事有分歧。然而，这两种偏好都没有什么不合理之处。完全理性的人可以有像这样的非智识方面的分歧。当然，在这种情形中，根本没有这样的特定命题，即一个人认为它是正确的，而另一个人认为它是错误的。这里要讨论的是对一个命题的真值存在合理分歧的情形。

这两个例子意味着：理性的人们是否可以有分歧？这个问题要义是要问如下情形是否可能发生，即一个人相信某个命题，而另一个人相信这个命题的否定命题，然而这两个人的信念都是合理的。但还是很容易看出，这个问题的答案无疑是肯定的。有关地球形状的古代信念和现代信念这样的例子恰好说明了这一点。然而，这与经常激起"理性的人们可以有分歧"这种评论的情形是不同的。让我们假定，古人的信念是基于他们所能获得的最好的观察结果和理论信息而形成的。这就使古人的信念是合理的。就这个特定的议题而言，我们显然处于优势地位。我们所拥有的观察数据和信息远远超过了古人所拥有的。我们知道古人所拥有的信息，至少是粗略地知道他们所拥有的信息，而且我们还知道另外的许多信息。这就使我们能够正确地说，古人的信念是合理的，然而他们是错的，而且我们对与之竞争的命题相信也是合理的。

在这些问题上，古人与我们的关系在一个重要方面是不对称的：我们知道他们，但他们不知道我们。不存在这样的对话，即他们可以听到我们的意见，同时我们可以听到他们的意见，然后我们双方都合理地形成（或坚持）不同的意见。与此相反，本小节开始时设想的是两个人可以进行对话的情形，他们可听取并表达对各种观点的辩护，然后得出结论，即理性的人们可以对他们讨论的事情保持不同意见。在这种情形中，信息是共享的，但是得出了不同的结论。这是一种更令人费解的情形。当这种情形发生时，双方是否都是合理的？

（二）考虑到分歧而继续保持信念

我们的问题是：你知道同你一样聪明的其他人拥有跟你的信念相冲突的信念，此时你继续保持自己的信念，这是否合理？当涉及诸如道德或宗教这样的最能激起人们情感的信念时，这个问题是最具挑战性的。同你一样聪明而且充分掌握信息的人相信跟你相信的事情完全相反的事情，你在知道这一点时继续保持自己的信念，这是否合理？你能明智地认为你自己的信念是合理的，而且跟你意见不同的那些人的信念也是合理的吗？这里的观念没有古人与我们之间的那种不对称，或者至少没有明显的不对称。在这种情形中，你和那些跟你有分歧的人都知道彼此的所有看法。说你自己的信念是合理的，而且他们的竞争性信念也是合理的，（从证据主义的角度看）这是在说三件事情：

> a. 你对你自己的信念有很好的理由。
>
> b. 他们对自己的竞争性信念有很好的理由。
>
> c. 你是正确的，但他们是错误的。

这个组合能同时得到辩护吗？

你可能认为我们所讨论的情形不是你必须接受（c）这个要素的情形。但是，如果这里有真正的分歧，那么就有某种事情是你同意的，而其他人则否认它。如果你相信 p，并且你知道另外一个人相信¬p，那么你就会认为这个人是错误的。你可能不想如此鲁莽地说出这一点，但逻辑一致性要求你这样认为。如果你认为他们可能是正确的，同时你也是正确的，那么你会认为你们之间根本就没有分歧。只要真正的有分歧，要素（c）就会出现。[8]

有些人试图用某些方式把重要议题上的明显分歧解释成它们不是真正的分歧。即是说，他们试图以不适用（c）的方式来解释一些议题。比如，一些人试图把有关宗教问题的明显分歧解释成不同于真正分歧的东西。有人可能说，明显相冲突的宗教观念，实际上是人们在用不同的语言说实质上相同的东西。或者，人们可能不把宗教对话看作在描述事实，而将其看作人们对特定生活样式表达忠诚的方式。我们在此不想卷入关于宗教语言之本质的这些争论。[9]我们的问题涉及的是真正的分歧。如果宗教分歧是真正的分歧，那么下面所说的就适用于它们。

因此，我们的问题是：在涉及某个实际问题的真正分歧时，一个人能否合理地接受（a）至（c）这三个命题？或许这是相对主义者和绝对主义者有分歧的一个关键点。换句话说，也许相对主义看法的拥护者接受如下这样的原则，而绝对主义者否认这样的原则：

> R7. 一个人有证成地相信命题 p，而且同时有证成地相信，另一

　　　　个人相信¬p是有证成的，这是可能的。

在一个人以"理性的人们可以有分歧"来结束对话时，（R7）似乎就是这个人心理所想的。她说："我的信念是合理的，但你的那个竞争性的信念也是合理的。"

　　然而，绝对主义者接受（R7）显然不会有问题。为了明白其原因，我们首先考虑如下例子：

　　例子9.2　有效的治疗
　　J博士仔细研究了X、Y、Z三种药物对某种疾病的疗效。研究表明，药物X的效果最好。这三种药物，哪种更可取，J博士没有其他相关信息。同时，K博士也做了类似的研究，结果表明药物Y的效果最好。两位研究者都不知道对方的研究结果，甚至不知道还有其他人在研究这些药物。两位研究者都没有因为不知道还有其他人在研究这些药物而疏忽大意。他们各自都有充分的理由认为自己的研究设计和实施是有效的。

至此，我们可以接受以下两个命题：

　　1. J博士认为药物X的效果最好，这是有相当好的证成的。[10]
　　2. K博士认为药物Y的效果最好，这是有相当好的证成的。

就目前的形式而言，这个例子并不支持（R7）。（2）为真，这还不足以确立起（R7）。还需要J博士相信（2）为真是有证成的。

　　我们给这个故事添加一点细节：假定J博士得知了K博士的研究结果。如果我们能再给这个故事添加一些因素，使J博士相信他自己是正确的，而K博士是错误的，那么我们就有了一个证实（R7）的例子。这样做并不困难。假设J博士也知道K博士之研究的缺陷，K博士自己无法知晓这些缺陷，而且不涉及推理方面的错误。K博士无法知晓这些缺陷，而且她的推理也没有犯错，这个事实使她（K博士）的信念确实是有证成的。J博士发现了这些缺陷，这个事实表明他（J博士）确实有理由不相信K博士的研究结果，因而相信他自己是对的，而K博士是错的。[11]J博士相信药物X的效果最好，这依然是有证成的。因此，我们有了证实

（R7）的例子。这个例子依赖于 J 博士比 K 博士知道得更多这一事实。J 博士能通过解释而去掉跟自己的研究相冲突的 K 博士的研究结果。因此，你对自己的信念可以有很好的理由，你知道其他人对他们的竞争性信念有很好的理由，你依然可以有证成地保持自己的信念。

因此，结果是，相对主义的论题（R7）是正确的。但这并没有确立起绝对主义者想要否认的任何东西。推理原则可以像人们所想象的那样绝对，而且刚才描述的例子可以证实（R7）。

根据我们到目前为止的描述，J 博士和 K 博士的例子涉及一种非对称性。J 博士知道的情况比 K 博士知道的多。就此而言，它正像古人与我们对于地球形状有不同看法的例子一样。但我们可以修改这个例子以便消除这个特征。假定这两个博士交换了那两个实验的全部信息，因而他们对研究结果有着完全相同的证据。再假定他们依然保持他们原来的信念：J 博士仍然认为药物 X 的效果最好，K 博士仍然认为药物 Y 的效果最好。或许相对主义者想要说，他们都是有证成的，而且他们都是有证成地相信对方是有证成的。他们对最好的药物可以有合理的分歧。如果相对主义者说的是这个意思，那他们捍卫的就是下面这样的一个原则：

> R8. 一个人有证成地相信 p，而且有证成地相信其他人是有证成地相信¬p，而且没有任何理由相信他或她自己的理由（或方法）优于其他人的理由（或方法），这是可能的。

接受（R8）是接受一个很重要的论题。那些赞同合理分歧之可能性的人心里想的可能就是这个论题。因为（R8）是一种说出如下意思的方式："我有我的信念，你有你的信念，我们都是有证成的，而且我们的认知处境是相似的。"这就允许有分歧，而且任何一方都不需要对这分歧具有优势地位。

绝对主义者会否认（R8）。证据主义者似乎接受了这样的看法，即我们所举例子中的那两个博士不可能基于相同的证据而有证成地相信不同的事情。他们会否认（R8）。因此，（R8）是相对主义者与绝对主义者争论的一个焦点。

在这场争论中，我们有充分的理由支持绝对主义者这一方。对那两个博士中的任何一个而言，在他们的处境中继续保持自己的信念，就是毫无

理由地给他或她自己的研究赋予特殊的地位。这就没有做到相同情况相同
对待。哪种药物是最有效的，对此，他们都应该悬置判断。这是一个不能
一视同仁的例子。他们都应该暂停对哪种药物最有效的判断。我们没有理
由接受以下这个相对主义的断言，即他们中的任何一个都是有证成地继续
保持自己的原初信念。我们最好拒绝（R8）。

一个相关的想法如下。有时你有一个特定的信念，并且你知道其他和
你一样聪明的人拥有的信念跟你的信念是冲突的。他们对自己的信念是有
证成的，你对自己的信念也是有证成的，这种想法可能是令人欣慰的，也
是很友好的。但是，如果你真诚而合理地认为他们对自己的信念是有证成
的，那么，如果你打算合理地继续保持你的信念，你就需要有某种好的理
由认为：出于这样或那样的原因，他们拥有一个有证成的错误信念。即是
说，你需要某种与在有关古人与我们的例子中我们所拥有的信息类似的信
息。如果没有这样的信息，那么你继续保持自己的信念就是没有证成的。

这是一个令人不安的结果。许多人倾向于认为自己的哲学、政治、宗
教和其他观念都是合理的，但不同意这些观点的人的看法也是合理的。他
们想要宽容和包容不同的看法。他们想要保持自己的观点，同时承认那些
跟他们看法不同的人也拥有很好的理由。我们讨论的结果是，在双方都掌
握了所有证据的情况下，这种组合起来的看法是不合理的。你不能合理地
认为，你的信念因证据而得到了证成，同时其他人的竞争性信念也因同样
的证据而得到了证成。此外，即使你没有分享所有的证据，一旦你承认别
人的看法是有很好的理由的，如果你想要合理地保持你原来的信念，你就
必须有很好的理由认为他们错了。形成合理的分歧比（R8）的捍卫者可
能想到的还要困难。

（三）两个反驳

上一小节的论证否定了存在相对主义者所描述的那种合理分歧。这一
小节将考察对它的两个回应。

回应 1. 对风险的不同态度

例子 9.3　瑞斯克与柯休斯

瑞斯克与柯休斯审查了有关命题 p 的证据，他们发现那证据对命

题 p 有微弱的支持。瑞斯克得出的结论是：支持相信命题 p 的证据足够好，并相信 p。柯休斯得出的结论是：基于那样的证据而相信 p，这太冒险了。柯休斯不相信 p。但他们都意识到了对方所用策略的合理性。他们肯定各自对命题 p 的态度都是合理的。

187　　瑞斯克和柯休斯认为他们各自的态度都是合理的，如果这是正确的，那么我们就似乎得到了一个正在寻找的有关合理分歧的例子。这个例子如果是正确的，那就表明，即便我们有固定的证据，我们对一个命题也没有唯一合理的态度。这似乎摧毁了绝对主义。

　　例子 9.3 涉及的分歧跟先前所考虑的例子中呈现的分歧是不同的。在 9.3 这个例子中，人们并不是真的对命题 p 有分歧；也就是说，它并不是这样的情形，即一个人相信它而另一个人不相信它。相反，它是这样的情形，即一个人相信它，而另一个人只是悬置对它的判断。除非他们对那证据的本性有更实质性的分歧，否则，我们没法修改这个例子以便柯休斯会基于那证据而相信¬p。因此，即便这个例子是正确的，它也不是我们一直在寻找的那种合理分歧的例子。

　　甚至有可能是，这种情况的出现仅仅因为我们一直在讨论的信念仿佛是一种"全有或全无"的态度。但也许我们应该区分信念的程度，或者应该承认如下态度之间的区别，即谨慎接受、完全确信、介于这二者之间的一系列态度。因此，可以论证说，在我们考虑的例子中某种较弱形式的信念是有证成的。根据这种看法，仅当有关某个命题的正反两方面的证据确实势均力敌时，甚至对那个命题的适度支持都没有的时候，悬置判断才是有证成的。倘若如此，那么对风险的不同态度就似乎并不能证成意见分歧，即便是比例子 9.3 中所涉及的分歧更弱的分歧也不能得到证成。

　　因此，像 9.3 那样的一些例子并不支持我们对绝对主义观点的任何有意义的拒斥。或许它们表明，形成合理的信念需要多少证据，我们对此还有保持合理的不同意见的空间。但这远没有证明我们可以有（R8）所设想的那种合理分歧。

回应 2. 需要选择的时候

例子 9.4　岔路口

莱夫特和赖特分别开车去参加一个重要会议。他们驾车去往目的地的时间不同，因而没有看见对方。这条路有一个岔路口。每个人都必须选择一条岔道。指南上没有提到这个岔路口，他们没有地图，没有手机，附近也没有人可问。原路返回不在选项之内。他们必须做出选择。莱夫特选择走左边的岔道。赖特选择走右边的岔道。后来听说此事之后，莱夫特表示赖特做出了一个合理的选择，尽管莱夫特自己的选择也是合理的。他们都不认为自己的选择要比对方的选择好。

当他们做出决定时，莱夫特和赖特拥有的信息完全一样。他们做出了不同的决定，而且，至少他们后来都知道对方做出了一个合理的决定。这就表明，甚至当理性的人们拥有完全相同的证据时，他们也可以有不同意见。*188*这似乎支持了（R8）并驳斥了绝对主义。

在考虑像这样的一些例子的时候，将关于信念的问题与关于行动的问题区分开，这是很重要的。我们可以承认走左边的岔道是合理的，而且走右边的岔道也是合理的。他们必须走一条岔道，因为我们假定了没有其他选项，而且没有理由得出结论说，走其中一条岔道要比走另一条岔道好。因此，选择任何一条岔道都是可接受的。但这并不表明之前所刻画的那种合理分歧是可能的。这个例子并没有引出对合理信念之绝对主义看法的任何反驳。走左边的岔道是合理的，走右边的岔道同样是合理的。相信左边的岔道是比右边的岔道更好的路线，这是不合理的。相信右边的岔道是比左边的岔道更好的路线，这也是不合理的。对这些命题的合理态度是悬置判断。在这种情况下，一个理性的人会想，"我不知道哪条岔道最好。但我要走这条岔道"。这种道路选择会是任意的。

就相信与否而言，悬置判断始终是一个可能的选项。就某些有关行动的情形而言，选择什么都不做，这在某些方面类似于悬置判断，但它要么是不可用的选项，要么是明显不好的选项。但就这里所考虑的各种情形而言，悬置对争议性命题的判断至少是合理态度的一个选项。在很多人们认为理性的人可以有分歧的情形中，真实的情况是，理性的人们将悬置对相关话题的判断。即便必须采取相关行动，这也可能是真实的情况。在有关 J 博士的那个例子的最终版本中，如果 J 博士是理性的，他就会悬置关于哪种药物最好的判断。即便他必须给需要治疗的病人某种药物，他也会悬置关于哪种药物最好的判断。

这表明了一个重要观点，它可运用于真实生活中的一些情形，人们在这些情形中想要说理性的人可以有分歧。如果你认为两个结论中的任何一个都同等程度地得到了证据支持，那么悬置判断就是我们可采取的理性态度。这可能有些令人失望，因为拥有一个信念可能会让人感觉更好。被考虑的信念甚至可能给你的生活带来真正的变化。然而，目前的思路带来的结论是，在这样的一些情形中，悬置判断是知识论上的理性态度。与此同时，在这样的一些情形中，最好是采取行动，正如有关岔道的例子所表明的那样。

因此，始终如一地遵循证据主义原则，这可能需要采取比一些人所希望的更谦卑的态度。对于很多困难的议题，悬置判断可能是合理的态度。

四、结论

本章考察了相对主义看法及其后果。结果证明，要准确地阐释相对主义的立场是很困难的。有些形式的相对主义原则，诸如（R1）至（R4），仅仅是断言不同的人或群体所知道的事情是不同的。这些形式的相对主义完全不会招致任何反对。像（R5）那样的其他一些形式的相对主义断言人们可以合理地使用不同的推理原则。如果加以适当解释，它们也是事实，几乎没有争议。

像（R6）那样的另一些形式的相对主义：关于什么东西是合理的，并没有真正的真理；只有变化着的当地标准。我们很难准确地理解这究竟意味着什么，除非我们将其理解为：唯一合适的标准就是遵循当地习俗所规定的一切。这等同于一个相当不合理的绝对主义论题。因此，在这些相对主义原则中，没有任何东西既是合理的又是有争议的。

另一个与相对主义看法相关的观念是由一个常见的表达所暗示出来的，这个表达是说，"理性的人们可以有分歧"。这个表达可以有很多种解读，但最有趣的一种解读方式是将其运用于如下情形，即两个人共享所有的相关信息，但对某个话题得出了不同的结论。他们都主张自己得出的结论是合理的，但也许是出于相互尊重和宽容的愿望而承认对方的结论也是合理的。（R8）就是沿着这些思路而被提出的一个相对主义原则。

如果（R8）为真，那么某个对话中的两个人就可以在共享他们全部证据的情况下合理地得出不同的结论。这等于违反了证据主义的标准。虽然它与标准看法之间没有直接冲突，但它与我们整个讨论中所隐含的绝对主义确实有冲突。这里得出的结论是，（R8）是不正确的，不存在它所描述的那种情形。在人们认为最有可能存在合理分歧的情形中，悬置对有争议命题的判断是我们可采取的合理态度。

相对主义看法造成了一组有趣而令人困惑的问题。认知多样性的存在可能为某些人减少相信某事的信心提供了基础。但本章提出的那些考虑并没有使人对标准看法产生任何怀疑。

注　释

[1] 提出这些问题，我们就转到了本书第一章的（Q6）。

[2] Harvey Siegel. Relativism//Jonathan Dancy, Ernest Sosa, eds. A Companion to Epistemology. Oxford：Blackwell, 1992：428－430. 引文出自第428－429页。

[3] Stephen Stich. Epistemic Relativism. Routledge Encyclopedia of Philosophy Online. 2000. General Editor：Edward Craig, http：//www. rep. routledge. com/.

[4] 参见本书第八章的（TE）原则。

[5] 西格尔对本章的评论，尤其是对本节的评论，对我很有帮助，在此表示感谢。对这个话题的一个很棒的讨论，参见：Harvey Siegel. Relativism//I. Niiniluoto, M. Sintonen, J. Wolenski, eds. Handbook of Epistemology. Dordrecht：Kluwer, 2001。

[6] B. Barnes, D. Bloor. Relativism, Rationalism and the Sociology of Knowledge//M. Hollis, S. Lukes, eds. Rationality and Relativism. Cambridge, MA：MIT Press, 1982：27－28.

190   [7] 当然，可以是这些要素的结合导致了疾病。

[8] 有些相对主义者可能否认这一点。我们在本章的第二节已经考虑了（R6）。有些人认为，没有什么东西是真的合理的，对于是否合理的问题，我们只能诉诸当地标准。将这个看法扩展到其他议题上的相对主义者可能会说，就所有明显的分歧而言，并没有什么真的真理，因而没有什么真的分歧。

[9] 对这些议题的讨论，参见：Philip L. Quinn, Kevin Meeker, eds. The Philosophical Challenge of Religious Diversity. Oxford：Oxford University Press，2000。

[10] 这并没有假定，这个信念的证成好得足以满足知识的证成条件。但它具有某种较弱而积极的认知地位。

[11] 值得注意的是，与其竞争的研究有缺陷的证据不是药物 X 有效的证据。准确地说，它是这样的证据，即可用来推翻一条否决"药物 X 有效"之理由的证据。这否决理由是关于他人之研究的原初信息。

第十章 结论

我们从标准看法开始。这个看法涉及两个主要的断言：

SV1. 我们知道相当多的各种各样的事物，包括有关我们的直接
环境、我们自己的思维和感受、他人的心灵状态、过去、
数学、道德、未来等方面的一些事实。

SV2. 我们主要的知识来源是知觉、记忆、证词、内省、推理和
理性洞察。

为了更全面地阐明标准看法的含义，我们提出了这样一些问题：什么是知
识，什么是证成，认知证成与道德证成、实用证成以及其他证成类型之间
的联系是什么？这些问题分别是（Q1）、（Q2）和（Q3）。

传统的知识分析认为，知识是有证成的真信念。葛梯尔式例子表明，
这种最初看似合理的分析是错误的，在葛梯尔式例子中，一个人拥有一个
有证成的真信念，但信念的真实性在某种难以具体说明的意义上跟这个人
的证成没有关系。因此这个信念是碰巧为真。要解释这究竟意味着什么，
这已被证明是非常困难的。无实质性错误解释准确地描述出了我们最好的
努力结果，据此：

EDF. S 知道 p=定义：（i）p 是真的；（ii）S 相信 p；（iii）S 对
p 的相信是有证成的；（iv）S 对 p 的证成没有必不可少地
依赖于任何错误命题。

我们对（Q2）的回应，即对有关证成之本质的问题的回应，其核心
在于证据主义。这个看法在下面这对原则中得到了阐释，它们确定了认知
证成的两个不同方面：

EJ. S 在时间 t 对 p 的相信是有证成的，当且仅当 S 在时间 t 的证据支持 p。

BJ. S 的信念 p 在时间 t 是有证成的（基础适当的），当且仅当：（i）在时间 t 相信 p 对 S 是有证成的；（ii）S 基于支持 p 的证据而相信 p。

根据证据主义，对一个人有证成的东西仅仅取决于这个人实际拥有的证据，而不取决于他本可以拥有什么证据，也不取决于这个人有实践上的或道德上的理由去获得什么证据。这种证据主义的解释，部分取决于我们对（Q3）的解答，根据这种解答，认知证成完全独立于实用问题、道德问题，等等。

当然，关于证据主义的细节还有一些难以回答的问题，许多哲学家认为像可靠论和恰当功能论那样的非证据主义理论更可取。这些作为竞争对手的理论，其核心是，证成在一定程度上是某种正确的因果联系的问题，即信念与使它为真的世界上的事实之间的因果联系。在因果联系的具体细节上，这些理论有非常不同的看法，而且这些理论之间的争论一直很活跃。然而，这里论证的观点是，这些非证据主义理论都有严重的缺陷。在没有特定因果关系的情况下，也可以有证成；在没有证成的情况下，也可以有因果关系。

基础主义和融贯论是对起证成作用的证据结构的两种传统解释。它们都是充实一般证据主义情景的方式。融贯论认为，证成完全是信念内部融贯一致的问题。一些异想天开却很有说服力的例子使我们对融贯论产生了怀疑。此外，要以一种清晰的方式阐明信念内部融贯一致到底意味着什么，这是极其困难的。

基础主义有多种形式。传统基础主义认为，存在基础信念，其证成不依赖于其他任何信念。根据笛卡尔式基础主义者的看法，这些基础信念是有关我们自身心灵状态的命题。据说，我们其余的知识都可以从这些确定的基础中推导出来。至少可以说，如果标准看法为真，那么笛卡尔式基础主义便有着无法克服的困难。我们不能完全确信或绝对肯定它将其当作基础信念的东西。我们所知道的其余的东西根本就不能从这些作为基础信念的东西中演绎出来。

一种更现代、更合理的基础主义是温和基础主义。这种观点认为，我们的基础信念不仅包括笛卡尔主义者所关注的有关我们自身内在状态的这种不寻常的信念，而且包括我们对周围世界之物体的日常信念。我们所知道的其余的事情可以从这些基础信念推导出来。在这些推论中，笛卡尔主义者要求逻辑上的确定性，而温和基础主义者却放宽了这个要求。

在阐释温和基础主义的具体细节时，最难的问题是确定我们对经验的哪些反应确实是有证成的。我们在第四章确定了这样一种观点，即只有那些构成对经验的"恰当反应"的信念才是有证成的。温和基础主义的这个方面在第七章和第八章得到了更多的关注，以便回应怀疑主义带来的挑战。至少根据这里所提出的论证，温和基础主义是可用以支持标准看法的 *193*最有前途的证成解释。

标准看法并非没有竞争对手。我们考察了它的三个竞争对手。一个竞争对手是怀疑主义看法，它捍卫着这样或那样的怀疑主义论证，怀疑主义认为我们几乎不知道我们周围世界的任何事情。（Q4）问的是，对怀疑主义论证，我们是否有什么好的回应。我们论证说，以温和基础主义为典型代表的可错论提供了最好的回应，因为支持怀疑主义的许多论证都依赖于这样的错误假设，即知识需要确定性或错误的不可能性。但可错论本身只能对那些引发高标准怀疑主义的怀疑主义论证提供最好的回应，这些论证假定的知识标准极高。普通标准的怀疑主义挑战了标准看法的结论，即我们满足的甚至是更低的、可错论的标准。它实际上挑战了这样的主张，即我们满足的是由温和基础主义所设定的证成标准和知识标准。

普通标准的怀疑主义可以从休谟关于归纳之认知价值的著名论证和替代性解释论证得到支持。替代性解释论证坚持认为，我们相信我们确实相信的事情，不相信同样跟我们的经验数据相容的诸多替代性假设中的任何一个，这根本就没有什么好的理由。回应这些论证是捍卫标准看法的证据主义者面临的最困难的挑战之一。基于这一看法，目前的工作是诉诸先天的推理原则来回应休谟关于归纳的论证，诉诸关于最佳解释的先天理性来回应替代性解释论证。对后者的回应还依赖于一种有争议的观点，即我们对自身经验的一般解释比怀疑主义给出的替代性解释更好。毫无疑问，这些议题中的难题仍然没有得到解答。

替代标准看法的另外两个选项并没有明确地否定（SV1）和（SV2）的真理性。自然主义看法认为，关于人类思维的经验研究结果对知识论具有重要意义。（Q5）问这是否属实，以及这一看法是否构成对标准看法的挑战。自然主义看法中的一条重要思路是利用认知心理学的研究结果，这些结果似乎对（SV2）确定的所谓知识来源的准确性提出了质疑。如果这个挑战是合理的，那么它就可能瓦解标准看法的支持者所做出的一些极其过分的断言。但这并不等于怀疑主义的全面挑战。在此，我们论证的观点是，尽管那些经验研究结果可能让人对我们某些信念的合理性产生怀疑，但我们那些明显的错误可能源自信息缺乏或对语言的不同解释之类的事情，这些失误（如果它们确实属于失误的话）并不等于非理性。

194 自然主义看法也挑战了标准看法的传统捍卫者，其根据是，他们对其主张的捍卫没能恰当地考虑对他们的断言至关重要的经验信息。这种指责可能有一定的价值。的确，一些捍卫者似乎认为，诸如（SV1）和（SV2）及其后果那样的事情都是先天真理。然而，它们至多是一种偶然的后天真理，我们对它们的任何知识都来自经验。然而，这一事实并没有表明，研究人类推理的科学除开其自身的巨大价值之外，还对作为知识论之核心的哲学问题有着巨大贡献。这些问题中有些是可以通过先天方式解答的概念性问题。其他的则不是，但回答它们所需的经验信息一般来说不是详细的科学信息，而是我们坐在扶手椅上就可以获得的信息。这并不是说，科学结果最终不能驳斥我们坐在扶手椅上就可以合理相信的事情。它能够驳斥而且已经驳倒了一些信念。尽管如此，核心哲学问题的答案也并不取决于这些结果。

最后一组问题（Q6）是由相对主义看法所激发的。这种看法是由我们认识到认知多样性以及通情达理的人赞同多种多样的信念和原则而产生的。标准看法的拥护者可以承认这个出发点，而且他们中的许多人也确实承认这个出发点。人们所知道的事情各不相同，而且人们合理相信的事情可能有直接冲突，这些都是事实。人们运用于不同情况的派生原则也可能有所不同。得到适当阐释的标准看法可以接受所有这些事实。因此，要么相对主义是无争议的，要么相对主义的断言超出了目前所描述的断言。

事实证明，除了这些断言之外，要准确地确定相对主义者想要断言的是什么，这是非常困难的。我们沿着这些思路研究相对主义，并没有得出任何挑战标准看法的东西。

　　因此，我们的最终结论是，标准看法还是正确的。然而，对它的辩护会遇到出奇困难的概念性问题和其他难题，其中许多问题或难题依然没有得到解答。

索 引

译后记

　　2008 年下半年，译者承担了几次知识论方面的课程，授课对象是马克思主义哲学专业的研究生，从此开始关注知识论方面的研究，因而注意到了费尔德曼的《知识论》一书，此书篇幅较小，简明扼要，论题也较为丰富，适合作为知识论的入门教材，因此萌发了将其翻译成中文的念头，但一直未能付诸行动，后来得到中国人民大学出版社杨宗元女士的支持，翻译此书的愿望才得以实现。

　　要准确译出作者的原意并不容易，同时要保持原书简明的语言风格则更难。幸好本书的责任编辑罗晶女士非常认真负责，她细致的编校工作使我们的译文增色不少。但由于译者水平有限，或许我们的译文仍有一些不妥之处，敬请学界同人批评指正。

2019 年 6 月 28 日

知识论译丛

主编　陈嘉明　曹剑波

判断与能动性

［美］厄内斯特·索萨（Ernest Sosa）/著　方红庆/译

认识的价值与我们所在意的东西

［美］琳达·扎格泽博斯基（Linda Zagzebski）/著　方环非/译

含混性

［英］蒂莫西·威廉姆森（Timothy Williamson）/著　苏庆辉/译

社会建构主义与科学哲学

［美］安德烈·库克拉（André Kukla）/著　方环非/译

知识论的未来

［澳大利亚］斯蒂芬·海瑟林顿（Stephen Hetherington）/著　方环非/译

当代知识论导论

［美］阿尔文·戈德曼（Alvin Goldman）

［美］马修·麦克格雷斯（Matthew McGrath）/著　方环非/译

知识论

［美］理查德·费尔德曼（Richard Feldman）/著　文学平　盈俐/译

图书在版编目（CIP）数据

　　知识论/（美）理查德·费尔德曼（Richard Feldman）著；文学平，盈俐
译. —北京：中国人民大学出版社，2019.7
　　（知识论译丛/陈嘉明，曹剑波主编）
　　ISBN 978-7-300-26986-3

　　Ⅰ. ①知… Ⅱ. ①费… ②文… ③盈… Ⅲ. ①知识论-研究 Ⅳ. ①G302

　　中国版本图书馆 CIP 数据核字（2019）第 088486 号

知识论译丛

主编　陈嘉明　曹剑波

知识论

［美］理查德·费尔德曼（Richard Feldman）　著

文学平　盈　俐　译

Zhishilun

出版发行	中国人民大学出版社			
社　　址	北京中关村大街 31 号		**邮政编码**	100080
电　　话	010－62511242（总编室）		010－62511770（质管部）	
	010－82501766（邮购部）		010－62514148（门市部）	
	010－62515195（发行公司）		010－62515275（盗版举报）	
网　　址	http://www.crup.com.cn			
经　　销	新华书店			
印　　刷	北京联兴盛业印刷股份有限公司			
规　　格	160 mm×230 mm　16 开本		**版　次**	2019 年 7 月第 1 版
印　　张	16.25　插页 2		**印　次**	2024 年 10 月第 3 次印刷
字　　数	240 000		**定　价**	58.00 元